TRAITÉ PRATIQUE

DE

L'ENRICHISSEMENT

DES

PHOSPHATES

A MONSIEUR A. DELMOTTE

Industriel,
Administrateur de la Société Française des phosphates de Tébessa (Algérie)

PAUL HUBERT.

TRAITÉ PRATIQUE

DE

L'ENRICHISSEMENT

DES

PHOSPHATES

PAR

Paul HUBERT

Ingénieur-Civil (I.D.N.)

PARIS

LIBRAIRIE POLYTECHNIQUE, BAUDRY ET Cie, ÉDITEURS

15, RUE DES SAINTS-PÈRES, 15

MÊME MAISON A LIÈGE, 21, RUE DE LA REGENCE

—

1896

AVANT-PROPOS

L'industrie des phosphates figure au nombre des grandes industries minérales depuis que la question d'enrichissement s'est imposée, c'est-à-dire depuis que les produits naturellement riches s'épuisant, on a été amené à suppléer à l'insuffisance des gîtes phosphatés riches, par un travail raisonné. Il est bien entendu que nous n'envisageons pas en ce moment le faible enrichissement qu'on faisait subir, jadis, aux nodules et coprolithes du Boulonnais, de la Meuse et des Ardennes, au moyen d'un simple criblage ou encore par un lavage des plus primitifs, mais toute la suite des opérations qui permettent de transformer du 25/30, 30/35, par exemple, en 45/50 et 50/55, avec un rendement de 60 à 65 0/0.

Quel que soit le mode de travail et les appareils employés, il faut parvenir à éliminer, d'une façon simple et peu coûteuse, la plus grande partie des impuretés (silice, argile, fer. carbonate de chaux, etc.), tout en entraînant le moins possible d'acide phosphorique dans les schlamms et les folles poussières.

Ceci dit, nous pouvons déjà conclure que les produits phosphatés ne sont pas tous également enrichissables au point de procurer à coup sûr une rémunération suffisante aux industriels. Avant de procéder à une installation, il est des considérations qu'il convient d'envisager et de discuter longuement.

Un phosphate étant donné, il faut tenir compte de sa composition intime; par exemple, si nous supposons avoir à enrichir une craie, nous devrons d'abord diviser notre gisement en zones d'égales richesses, puis, prélever des échantillons moyens dans chaque zone et isoler de chaque échantillon une certaine quantité de grains de phosphate : l'analyse donnera la richesse maximum à laquelle on pourra arriver par un travail parfait et, connaissant le titre et la matière brute, la différence sera la *marge d'enrichissement* (1). Si notre produit en terre titrait 25 de phosphate et que l'essai des grains isolés accuse 65 de phosphate, nous aurons une marge d'enrichissement de 40 degrés, et nous saurons que si notre matière phosphatée n'est pas plus riche, cela est dû uniquement à ce qu'elle contient une grande proportion de matières étrangères. Nous aurons donc une craie parfaitement enrichissable, à condition que la densité des matières étrangères soit inférieure à celle des phosphates ; tel que le carbonate de chaux, par exemple.

Puis on fera bien de s'assurer si la gangue crayeuse ne contient pas elle-même d'acide phosphorique à l'état de combinaison amorphe, et quelle quantité. Dans ce cas, il est bon, afin de ne pas avoir de déception plus tard, de considérer cet acide comme perdu, car les eaux de lavage ou la ventilation entraîneront ces éléments phosphatés et carbonatés dont les particules sont trop ténues pour que la différence de densité puisse être la base d'une séparation et par suite d'un enrichissement.

Avant de faire choix d'une exploitation, il est bon, également, de ne pas oublier le cours du phosphate, de tenir compte de la situation du gisement par rapport à la voie ferrée, au canal et à un port d'embarquement; de l'épaisseur des couches, de la dureté du gîte, etc.

(1) Le procédé de MM. Lévy et Roux, permet d'obtenir un enrichissement encore plus parfait. (Voir page 33).

Bref, nous sommes convaincu que le choix d'un bon emplacement entre comme facteur important dans les probabilités de réussite d'une entreprise de ce genre. Dans ce traité, nous laisserons de côté les développements théoriques relevant du domaine des sciences pures, nous consacrant d'une façon toute spéciale à l'étude pratique des principales opérations ayant pour but l'enrichissement et, afin de ne pas dépasser le cadre que nous nous sommes imposé, nous ne décrirons que les appareils les plus employés et que nous considérons comme types dans chaque genre. Ce n'est pas un mémoire volumineux que nous écrivons, mais simplement un « précis pratique » de la question, et qui, dans certains cas, mettra directement en rapport le phosphatier-enrichisseur avec les différents constructeurs.

Notre plus grand désir est que cet ouvrage soit de quelque utilité à tous ceux qu'intéresse l'industrie du phosphate de de chaux.

HISTORIQUE ET GÉOGRAPHIE

Klaproth et Proust (1), découvrirent le phosphate dans certains minéraux (plomb vert et apatite), en **1787** ; mais c'est Th. de Saussure qui, le premier, a reconnu la présence du phosphate dans les végétaux ; malheureusement les belles recherches que fit ce savant vers **1804** ne tardèrent pas à tomber dans l'oubli ; néanmoins, en **1818**, Berthier répéta les expériences de Th. de Saussure et il remarque que l'acide phosphorique se localise principalement dans les graines. De plus, au cours de recherches géologiques, il découvrit du phosphate de chaux au milieu de l'argile du gault (Wissant, P.-d.-C.).

Les études de ces deux chimistes n'attirèrent pas l'attention du monde savant comme elles le méritaient.

En **1820**, Berthier fit connaitre le résultat d'analyses de nodules faites par lui, les nodules avaient été trouvés par de Bonnard dans la marne chloritée du cap de la Hève. Deux années après, des nodules titrant 4 0/0 de phosphate tricalcique furent trouvés par de Bonnard dans une tranchée du canal de Bourgogne près de St-Thibault (Côte-d'Or) (2).

Le professeur Buckland découvrit en **1827**, de nombreux coprolithes sur les côtes anglaises.

Vers **1830**, Fawtier étudiant l'emploi des os pilés comme engrais, écrivit ce qui suit dans les *Annales de Roville :* « Dans les os, je crois pouvoir négliger un des composés terreux, le phosphate de chaux, parce qu'étant indestructible et insoluble, il *ne peut servir*

(1) Daubrée, *Annales des mines*, 6e série, t. XIII, 1868.
(2) *Le phosphate de chaux*, Olry.

comme engrais, lors même qu'il serait placé dans un sol humide et dans le voisinage immédiat des racines de la plante. »

D'autres également, hésitèrent avant de reconnaitre franchement la grande valeur des phosphates comme engrais : Payen lui-même n'a-t-il pas dit, vers cette époque, que la gélatine était le principe actif des os parce que, prétendait-il, ceux-ci après avoir fermenté quelques jours, ne renferment plus que 2 0/0 environ de gélatine et n'ont plus d'utilité sensible comme engrais, et cependant Payen avait appliqué en France, vers 1822, les noirs de raffinerie à l'amendement des terres.

En 1840, Liebig émit l'opinion que l'Angleterre avait dans son sol des engrais naturels ne le cédant en rien, comme richesse, à ses gisements de houille. Cette déclaration du professeur allemand, ne rencontra, tout d'abord, que des incrédules. Seul, M. Robin-Moliéry, médecin à Loudéac, prit un brevet d'invention pour l'emploi du phosphate de chaux en agriculture. Son intention était d'importer chez nous les apatites d'Espagne (Estramadure) puis, les docteurs Montel et Buckland organisèrent en 1850 des sondages qui confirmèrent le dire de Liebig puisqu'ils mirent à jour les phosphates des côtes de Suffolk et de Norfolk.

Le professeur Henslow fut chargé de l'étude de ces coprolithes.

En même temps M. Nesbit et le docteur Fitton décrirent les rognons de phosphate qu'on venait de découvrir dans les cavités de Kent, de Sussex, de Surrey et dans l'île de Wight.

Pendant qu'on travaillait sur les côtes anglaises, le duc de Richmond (1843), eut la pensée d'établir des champs d'expériences et de démontrer pratiquement que Th. de Saussure et Berthier ne s'étaient pas trompés. M. Boussingault répéta les expériences du duc de Richmond : les conclusions furent les mêmes.

C'est alors que se fonda la maison Lawes à Rotterdam, on sait que ce fut la première fabrique d'engrais phosphatés ; toutes les matières étaient reçues d'Angleterre. Afin de développer l'emploi d'une matière aussi précieuse, Elie de Beaumont (1) en France et Way en Angleterre, puis Poumarède, Jaille, etc., rédigèrent des

____

(1) *Etudes sur l'utilité agricole et les gisements géologiques du phosphate* (Mémoires de la société impériale et centrale de l'agriculture 1856).

mémoires qui firent autorité. Leur lecture éveilla enfin l'attention des masses et des fouilles furent faites dans tous les pays. En 1842, MM. Sauvage et Buvignin, signalèrent dans les sables verts et dans les marnes supérieures à la gaize des Ardennes, des nodules phosphatés appelés dans les pays coquins et crottes du diable, ces nodules furent analysés par M. Meugy en 1853, et ce dernier y signala uue assez forte proportion d'acide phosphorique.

Bientôt après, Meugy et Delanou découvrirent des rognons phosphatés dans la craie glauconifère (turonien) des environs de Lille. Dans une étude faite par M. Fownes en 1844, sur certaines roches éruptives et sédimentaires, il ressortait que beaucoup d'entre elles contiennent de l'acide phosphorique.

M. Buteux indiqua en 1843 (1) l'existence du phosphate à Beauval (Somme) ; ce qui n'empêcha pas les géologues de relater, sur leurs cartes, Beauval comme point important pour les sables à mortier. A l'étranger, en moins de dix ans, on découvrit des phosphates en Estramadure (Espagne), en Bohême, en Hongrie, en Bavière, en Allemagne, en Norwège, en Saxe, dans le Tyrol, en Belgique, aux Etats-Unis, en Afrique, etc., etc. Mais le pays le plus favorisé est la Russie ; c'est ainsi que de St-Pétersbourg à Odessa. tout le sous-sol est phosphaté.

Nous avons vu qu'au début de la question, on ne considérait guère que le phosphate de chaux provenant des os des animaux, et c'est à de Paine de Farnham (1848), que l'on doit une première brochure, mentionnant la valeur bien réelle des phosphates de chaux trouvés dans le crétacé inférieur des comtés de Kent et de Surrey en Angleterre (2). Dans ce pays, on procéda à des essais en grand qui furent tellement satisfaisants (1854), que vers 1856, les phosphates fossiles étaient devenus l'objet d'une réelle industrie. D'après les indications de Delanoue, on les livrait pulvérisés à l'agriculture et la Belgique en profita la première : en moins de dix ans, on y défricha plus de cent mille hectares de landes et les phos-

(1) *Extrait du bulletin de la société géologique de France*, 2e série, t. XX, page 631, séance dn 15 juin 1863.
(2) Cette étude fut examinée avec soin lors de la vingtième réunion du congrès scientifique de France, Arras, 23 août, 1853.

phates y servirent d'engrais. Ce succès éclatant de nos voisins, fut comme un coup de fouet pour nos chercheurs, et bientôt MM. de Molon, Thurneisen, Nesbit, Foucault, Huart et Delarue organisèrent des sondages. Déjà en décembre 1844, MM. Nesbit et Foucault avaient pris un brevet concernant l'exploitation de certains gisements de phosphate, l'exploitation de la matière brute, etc. Nous ne nous étendrons pas sur la discorde fâcheuse qui survint bientôt entre ces associés.

M. Dugléré en 1853, fit des recherches dans les Ardennes (arrondissement de Vouziers), il y découvrit des gisements composés de nodules dont la grosseur variait entre celle d'une noisette et celle d'un œuf de poule, ces nodules d'une couleur verdâtre étaient empâtés dans une gangue de composition variable. Le *Génie Industriel*, dans son numéro de février 1857, relate ce fait ; il y est dit: « La quantité des nodules de chaux est considérable, les bancs qu'ils forment s'étendent au loin, il y a tout lieu de croire que les départements voisins contiennent de pareils fossiles. »

La première exploitation en France eut lieu à Grandpré (Ardennes). Ce fut M. Desailly (1855), qui la dirigea.

Près de cette exploitation fut construite une usine pour le broyage des phosphates. La compagnie Richer traita le produit ainsi obtenu de la façon suivante : elle l'attaqua par les acides et précipita ensuite par l'ammoniaque. En 1858, elle en présenta un spécimen à l'exposition d'horticulture. Dès lors, l'industrie du phosphate était dûment créée en France et des travaux de recherches furent pratiqués en grand.

En 1863, M. de Mercey signala les craies phosphatées du bassin de Breteuil.

Peu de temps après, M. Rousseau entreprit un premier examen embrassant trente-neuf départements et dans beaucoup d'endroits on découvrit des traces de phosphate ; c'est le bassin parisien qui fut le mieux exploré et M. de Molon fit alors de nombreux rapports à l'Académie des Sciences.

En 1869, M. Joulie traita dans des bassins quelques phosphates minéraux et autres ; presqu'à la même époque, M. Maxime Michelet installa à Paris, à la Villette — juste à l'endroit où M. de Molon avait fait ses premiers essais de laboratoire, ce que M. Michelet ignorait, — la première usine industrielle comprenant des malaxeurs continus et des chambres à superphosphates. C'est dans cette usine, croyons-nous, que les premières quantités sérieuses de phosphates furent traitées dans un malaxeur, puis déversées dans de grandes chambres en maçonnerie.

Cette installation trancha immédiatement avec les usines primitives et barbares qui existaient jusqu'alors, et les principaux savants de France, s'empressèrent d'aller visiter l'installation modèle. Parmi eux, nous citerons MM. Troost, Debray, Peligot, J.-J. Barral, A. Girard, Cloëz, etc. La Société d'Encouragement pour l'Industrie nationale chargea M. Cloëz de faire un rapport sur la dite usine et en 1875, cette Société décerna à M. Michelet et à son collaborateur, le chimiste de l'usine, M. Thibault, sa médaille d'or. M. Michelet a été appelé par de nombreux industriels pour organiser chez eux des usines à phosphates et à superphosphates et il a présidé, en 1892, aux essais industriels, faits pour l'enrichissement des craies phosphatées à bas titre, par le procédé Delahaie (chlorhydrate d'ammoniaque).

En 1870, M. Ernest Girard s'attacha à la propagation des phosphates, de la façon la plus active, et déjà il avait prévu la grande prospérité à laquelle était appelée l'industrie des phosphates en France et à l'étranger. Depuis, il a attaché son nom à des inventions et à des procédés se rapportant à l'enrichissement des phosphates, tant par voie mécanique que par voie chimique. Grâce à son obligeance, il nous a été donné de voir chez lui, la collection la plus complète et l'une des plus belles qui existent, des phosphates de tous les pays et des fossiles qui les accompagnent.

En 1872, une nouvelle usine fut montée à Bar-le-Duc par M. Simonet-Varlet ; vers la même époque, M. Le Mesle avait découvert des fossiles phosphatés près de Sétif (Constantine).

Dn 1873, M. Thomas trouva du phosphate dans la région sud du Tell ; l'année précédente, les phosphates des Ardennes avaient été non seulement découverts, mais encore exploités et vendus à l'agriculture.

Un autre bassin secondaire, au point de vue géologique mais

des plus importants vu sa richesse en phosphate, allait bientôt être mis à jour ; nous voulons parler de celui du Boulonnais.

En 1877, des sondeurs reconnurent les phosphates de Pernes (Artois), puis ce fut le tour de ceux de Quiévy (Nord), vers 1883. A partir de cette époque, les découvertes sont fréquentes et importantes ; Merle et Poncin signalèrent les phosphates de Beauval ; puis un simple ouvrier phosphatier, reconnut dans une taupinière, les traces d'un phosphate très riche, à Buire-au-Bois ; fait singulier, cet ouvrier, pas plus que les savants, ne surent profiter de leurs découvertes. Nous laisserons de côté tous commentaires, l'opinion publique s'étant fait juge depuis longtemps.

En 1879, M. le Dr C.-A. Simmons de Hawthorn avait signalé du phosphate en Floride. Après Buire-au-Bois, c'est Haravesne qu'il faut indiquer (Pas-de-Calais), puis Nœux près Fortel, Bachimont, Villers, Frohen, Curlu, Bouchavesne, Roisel, etc.

En 1878, M. Tissot prévoyait déjà que des découvertes importantes seraient faites en phosphate en Algérie, puis en 1886 M. Thomas publia un rapport sur les phosphates du sud de la Régence.

En ce moment même, des sondages se font encore dans notre région du Nord, et tout en n'avançant que ce que nous sommes à même de confirmer, nous pouvons dire que le phosphate nous ménage encore des surprises.

En 1889, MM. Pomel et Pouyanne étudièrent les phosphates de l'Algérie et en firent une description. Nous avons déjà dit que c'est en 1856 qu'on a commencé à livrer le phosphate fossile à l'agriculture. En 1877, la reproduction du phosphate naturel était de 115.000 tonnes, en 1886, elle était de 184.166 tonnes (2).

Depuis, la production de cet engrais est allée en augmentant et la consommation pour 1892 a été de 2.500.000 tonnes de phosphate ce qui représente en chiffres ronds une valeur de cent millions. La France emploie à elle seule plusieurs centaines de mille de tonnes chaque année.

(1) M. Ch. Delattre. *Etude sur les gisements français de phosphates de chaux*, 1882.
(2) *Journal Officiel* des 26 et 27 décembre 1887.

Ces chiffres prouvent bien la grande faveur dont jouissent les engrais naturels et chimiques en agriculture.

Lors des dernières découvertes de phosphates en Belgique, puis en France et à l'étranger, l'industrie, comme cela arrive bien souvent, fit place à la spéculation.

Dans la fièvre des achats et ventes, on dédaigna un instant les phosphates de seconde richesse, et on ne prit pas toujours toutes les précautions désirables pour sauvegarder l'avenir de l'industrie nouvelle du pays ; on n'accorda pas assez d'attention aux produits formant l'enveloppe de ces surprenantes poches et nappes du « sable d'or. » Aujourd'hui que les amas de matières phosphatées de hauts titres s'épuisent, on a recours aux gisements délaissés, et le phosphate a enfin son industrie propre, celle de l'enrichissement des titres moyens et des bas titres. Il y a là du travail pour plusieurs siècles, car le cube des phosphates dosant 45 et moins, est énorme, et la consommation des engrais phosphatés augmente tous les ans.

Dans un ouvrage les *Phosphates de chaux naturels*, publié à la même librairie, en 1893, nous avons indiqué les principaux pays exploitables au point de vue du phosphate. Depuis, comme nous venons de le dire, des découvertes ont été faites de tous côtés : c'est pourquoi, et ausssi afin de fixer les idées, nous donnons ci-dessous un tableau des pays phosphatés. Quoique cette question soit en dehors de notre ouvrage, nous croyons utile de l'intercaler ici, car il nous paraît tout naturel de faire connaître les contrées où se montent des usines en vue de l'application des différents modes d'enrichissement, objet de la présente étude (1).

---

(1) Dans cette énumération nous ne faisons aucune distinction entre les différents genres de phosphates, mais nous exceptons les guanos.

EUROPE

FRANCE

Nord. — Quiévy, Créquy, Lezennes, Moulins, Wazemmes, Sainghin, Bouvines, Montay, Forest, Briastre, Valenciennes, Anzin, Hirson, Douai, Masnières.

Pas-de-Calais. — Wissant, Fiennes, Nabringhem, Longueville, Brunembert, Quesges, Lottinghem, Reclinghem, Audinethun, Dennebrœucq, Flechin, Febvin-Palfart, Nédonchelle, Merck-en-Liévin, Aumerval, Bailleul-lez-Pernes, Pernes, Beugin, La Comté-Ourton, Quœux, Haravesne, Rougefay, Buire-au-Bois, Villers-l'Hôpital, Nœux, Orville, Acq, Landrethun, Rety, Colembert, Menneville, Saint-Martin-Choquel, Robergues, Surques, Samer, Rebreuviette.

Somme. — Beauval (ancien bois de Beauval), Plaine de Milly, L'Ecrivain, Le Pain de Sucre, La Campagne, Le Mystérieux, Terramesnil, Beauquesne, Puchevillers, Raincheval, Hallencourt, Péronne, Templeux-la-Fosse, Templeux-le-Guérard, Hardécourt-au-Bois, Hem-Monacu, Ecluzier, Vaux-Ecluzier, Curlu, Marcheville, Domvast, Le Plouy, Gorenflos.

Ille-et-Vilaine.

Seine. — Auteuil.

Seine-Inférieure. — Côte Sainte-Catherine (près Rouen), falaises de la Hève (près du Havre).

Manche. — Gourbesville, Carantan.

Oise. — Breteuil, Hardivilliers.

Calvados. — Villerville, Saint-Vigor-le-Grand.

Aisne. — Hargicourt, Ribemont, Etave.

Ardennes. — Sommerance, Remonville, Fossé, Chevières, Cornay, Grandpré, Talma, Sorcy, Imécourt, Saulces, Monclin, Ecordal, Landres et Saint-Georges, Guincourt, Auboncourt, Les Chesnois, Vauzelles, Châtel-Chéhéry,

Machéroménil, Vaux-Montreuil, Wignicourt, Saint-Loup, Sorcy, Bauthémont, Ternes, Champigneulle, Saint-Juvin, Exermont.

Meuse. — Neuvilly, Banthéville, Dombasle, Bourenilles, Aubréville (forêt de Hesse), Islettes, Montzéville, Auzéville, Romagne-sous-Montfaucon, Rarécourt, Béthelainville, Froidos, Clermont-en-Argonne, Bois de Béthainville, Varennes, Cheppy, Avocourt, Véry, Lisle-en-Barois, Villotte, Triaucourt, Lavoyer Laheycourt, Cazaucelle, Audernay, Auzéville, Cunel, Vauquois, Wally, Louppy-le-Château, Autrecourt.

Aube.

Sarthe. — Saint-Paterne.

Marne. — Braux, Saint-Remy, Elize, Argerze, Dammartin-la-Plaine, Chaude-Fontaine, Sainte-Menehould.

Haute-Marne.

Haute-Saône. — Pusy, Montigny-lez-Cherlieu, Auxon, Vitrey-Saint-Marcel, Villeminfroy, Vy-les-Lure, Pomoy-Mollans, Les Aynams, La Villeneuve, Conflans-sur-Lantorne.

Vosges. — Hagnéville, Aingeville, Houécourt, Tosainville, Oëlleville, Uroille.

Yonne. — Pourrain, Parly, Méry-la-Vallée, Saint-Martin-sur-Ocre, Saint-Aubin-Châteauneuf.

Côte-d'Or. — Arnay-le-Duc, Semur, Corrombles, Torcy, Pouligny, Epoisses, Saint-Thibault, Forléans, Fontangy, Chazilly, Créancey, Cussy-le-Châtel, Essey, Macouges, Meilly, Painblanc, Rouvres-sur-Meilly, Thoisy-le-Désert, Vandenesse, Aisy-sous-Thil, Brianny, Courcelles-Fresnoy, Courcelles-lez-Semur, Flée, Jeux-lez-Bard, Millery, Montbertault, Montigny, Perey-sous-Thil, Roilly, Vic-de-Chassenay, Nan-sur-Thil, Villeneuve-sur-Chavigny.

Cher. — Vailly-sur-Souldre, Sury, Assigny, Thou, Jars, Menetou, Ratel.

Nièvre. — Four-de-Vaux.

Indre.

Saône-et-Loire.

Orne.

Jura.

Eure-et-Loir.

Ain. — Bellegarde (Perte du Rhône).

Maine-et-Loire. — Maur, Saint-Marc.

Savoie.

Var. — Roquebrune, Puget, Fréjus, Montbelle, Draguignan.

Isère.

Allier. — Messarges. Souvigny, Noyant, Fins.

Ardèche. — Viviers.

Drôme. — Saint-Paul-Trois-Châteaux, Clausayes, Les Granges, Gontardes, Vallaurie.

Vaucluse. — Apt, Rustrel, Gignac.

Bouches-du-Rhône.

Hérault. — Cette, Frontignan, Montagne de la Gardelle.

Tarn. — Penne.

Aveyron. — Salles, Courbatiers, Villeneuve, Naussac, La Capelle-Balagnier.

Lot. — Bach, Saint-Jean-de-Laur, Puyjourdes, Escamps, Larnagol, Beauregard, Cajarc, Saint-Martin-Labouval, Concots, Lagagnac, Vaylats, Beduer, Blars, Saillac, Saint-Sulpice, Cabrerets, Grealou, Carayac, Saint-Chels, Marcilac.

Tarn-et-Garonne. — Caylux, Mouillac, Saint-Antonin, Puy-la-Roque, Saint-Projet.

Lot-et-Garonne.

Gard. — Tavel, Lirac, Saint-Maximin, Saint-Julien-de-Peyrolas, Salazac.

Dordogne. — Gourd-de-l'Arche, Périgueux.

ANGLETERRE

Pays de Galles. — Llanfyllin.

Comté *Dorsetshire.* — Lymne Regis.

   »   *Yorkshire.*

   »   *Sussex.*

   »   *Surrey.* — Farnham.

Comté *Kent.*
    »   *Suffolk.*
    »   *Norfolk.*
    »   *Essex.*
    »   *Cambridge.*
    »   *Bedford.*
    »   *Buckingham.*
    »   *Oxford.*
Ile de Wight.
Ecosse. — Burdi house, près d'Edimbourg.
Ile de Malte.

BELGIQUE

Ciply, Mesvin-Ciply, Havré-Aubourg (bois d'Havré), Mons, Saint-Symphorien, Cuesmes, Hesbaye, Liège, Alleur, La Malogne, Pry, Tournai, Montignies-sur-Roc, Antreppe, Bernissart, Ypres, Louvain, Bruxelles, Flobecq, Renaix, Grammont, Estinnes, Givry, Visé, Balen.

HOLLANDE

Limbourg. — Galoppe, Maëstricht.

ALLEMAGNE

Duché de *Nassau.* — Sur les bords de Lahn et de la Dille.
    »   *Wurtemberg.*
Grand duché de *Bade.*
      »   *Westphalie.* — Bassin de la Rhur.
      »   *L'Allgau.*
      »   *Brunswick.*
      »   *Bavière.* — Alpes de la Bavière, Solenhofen, Amberg.
      »   *Franconie.*
      »   *Saxe.*
      »   *Hanovre.*
      »   *Prusse.* — Poméranie.
      »   *Vorarlberg.* — Alpes du Vorarlberg.
      »   *Souabe.*

NORWÈGE

Laponie suédoise. — Entre Langerund et Arendal. Aux mines d'Oldegaarden. Bamble. Préfectures de Nédennes et de Brataberg, Risoër, Krajeroë.

RUSSIE

Podolie. — Rive gauche du Dniester, entre l'Uszica et Nogilew. Affluents du Dniester.

Russie centrale. — Surface comprise entre Saint-Pétersbourg, Odessa et Orenbourg.

Gouvernement de *Tambow.*
        »   *Koursk.*
        »   *Novgorod.*
        »   *Moscou.*
        »   *Grodno.*
        »   *Lithuanie.*
        »   *Saint-Pétersbourg.* — Yambourg.
        »   *Nidjni-Novgorod.* — District de *Sergacht.*

AUTRICHE

Hongrie. — Marmaroch.
Bukovine.
Galicie orientale.
Carnioles. — Idria.
Tyrol.

SUISSE

Einsideln, Schivytz, Appenzell.

ITALIE

Partie méridionale.
Sardaigne.

ESPAGNE

Estramadure.
Cacérès. — Cacérès, Costanza, près de Logrozan, Montanchez,
    Malpartida, Alcantara, Belmez (Sierra Palacio).
Murcie. — Sierra Alhamilla, Jumilla.
Alemtejo.
Zamora.

PORTUGAL

District de *Leira.* — Granja (paroisse de Monte-Reale), Portalègre,
    Mavoao.

ASIE ET OCÉANIE

Nota. — Des rapports d'explorateurs signalent des phosphates en
    différents endroits mais les études sont très incomplètes.
    Néanmoins, on affirme qu'il y en a des gisements impor-
    tants dans les monts *Himalaya.*

AFRIQUE

ALGÉRIE

Province d'*Alger.* — Au sud du Tell.
Province d'*Oran.* — Vallée du Chéliff, Aïn-Rebira, Nedroma, La-
    moricière, etc.
Province de *Constantine.* — Sétif (Djebel-bou-Thaleb), Djebel
    Dyr, Tébessa, Bordj-bou-Arreridj, Oued Zénati, près de
    Guelma, Souk-Ahras, Guelaat-es-Snam, Morsott, Te-
    noukla, Beccaria, Aïn-Kissa, Aïn-Croubia, Youkou, Aïn-
    el-Amba, Aïn-el-Hassa, Aïn-Sguid, Djebel-Gourage,
    etc., etc.

TUNISIE

Massifs du *Djebels*. — Zimra, Stah, à l'ouest de Gafsa, Tamrza, Khanguet-Seldja, Djebel Stah, Djebel Zeitoun, Djebel Jellabia, Djebel Schib, D. Nasser-Allah, D. Rebaïa, Gaffour, Henchir Rhirane, Sidi-Ayet, près de Teboursouk, Cuelaat-es-Senam, Kef Rebiba, D. bou Keherid, Kef Krakiche, Henchir Ksour, Massif du Zaghouan, D. Reças, D. Srira.

AMÉRIQUE

ÉTATS-UNIS

Kentucky.

Iowa.

Nébraska.

Caroline du Sud. — Charleston.

Floride. — Districts de *Marion* et de *Citrus.* — Anthonie, Luraville, Mine d'Elliston.

Caroline du Nord.

Alabama.

Tennessee. — Comtés *Louis* et *Hickmann*, Baie de Swan, Iall Bronch, Swan Creek, Blue Buck Creek, Anderson Bend of Duck River, Fall Bronch. — Comté *Perry*, Comté *Wayne*.

CANADA

Québec. — Districts d'*Ottawa* et de *County.* — Sur les bords des Lievres Rive, dans le district d'Ottawa.

Ontario. — Leeds, Hanark, Frontenac, Addington, Renfrew, County.

Galles du Nord.

ANTILLES

Ile de *Curaçao*.

GUYANE FRANÇAISE

Grand-Connétable.

Comme on le voit, les phosphates de chaux se trouvent dans tous les pays, et on les rencontre à tous les étages géologiques.

La consommation des phosphates devient de plus en plus considérable, et nous n'en citerons que l'exemple suivant : M. H. Sagnier, qui a fait une enquête auprès de *trente syndicats agricoles*, a donné pour les années 1889 et 1893 les chiffres ci-dessous :

Superphosphates :	1889	11.750 tonnes
	1893	32.861 —
Phosphates :	1889	5.856 tonnes
	1893	7.489 —
Scories de déphospho-	1889	4.125 tonnes
ration :	1893	9.674 —

Cet exemple est pris entre mille autres tous aussi probants.

ENRICHISSEMENT DES PHOSPHATES

On enrichit les phosphates au moyen de *procédés mécaniques* et de *procédés chimiques*. Les premiers sont de beaucoup les plus importants, et on les divise en procédés mécaniques par *voie humide* et en procédés mécaniques par *voie sèche*.

Avant d'en arriver à l'opération proprement dite de l'enrichissement, les produits doivent subir certaines préparations que nous avons déjà décrites ailleurs et que nous ne ferons que rappeler

très sommairement : nous voulons parler des opérations suivantes :

1° Concassage ;

2° Broyage ;

3° Séchage ;

4° Ensachage.

Nous n'aurons donc à faire l'étude détaillée que des manipulations constituant directement le travail d'enrichissement et qui, selon les cas, sont :

5° Trituration ;

6° Séparation ;

7° Ventilation.

Pour plus de clarté, nous avons divisé cet ouvrage comme il
suit :

PREMIÈRE PARTIE

Procédés mécaniques.

CHAPITRE PREMIER. — *Opérations préparatoires*. Concassage,
broyage, séchage, ensachage.

CHAPITRE II. — *Voie humide*. Trituration, séparation.

CHAPITRE III. — *Voie sèche*. Ventilation.

DEUXIÈME PARTIE

CHAPITRE PREMIER. — Procédés chimiques.

CHAPITRE II. — Accessoires.

PREMIERE PARTIE

PROCÉDÉS MÉCANIQUES

CHAPITRE PREMIER

OPÉRATIONS PRÉPARATOIRES

1° Concassage. — Les concasseurs sont les mêmes, que l'enrichissement se fasse par voie humide ou par voie sèche. On les divise en trois catégories :

1° Concasseurs à bras ;
2° Concasseurs à courroies ;
3° Concasseurs à vapeur.

La première catégorie n'est utilisée que dans les salles d'essai et pour les petites industries. Ce n'est pas le cas qui nous concerne, et nous aurons toujours à envisager les commandes par courroies ou à vapeur.

Au point de vue mécanique les concasseurs peuvent être : 1° à simple effet et à simple mâchoire mobile ; 2° à simple effet et à double mâchoire mobile ; 3° à double effet et à simple mâchoire mobile ; 4° à double effet et à double mâchoire mobile. En outre, les mâchoires peuvent être lisses ou cannelées. Nous ne décrirons pas séparément chaque espèce de concasseur : tous les traités de mécanique en parlent ; nous nous contenterons d'indiquer les organes du concasseur à simple effet et à simple mâchoire mobile.

2

Concasseur. — Il se compose d'un arbre O actionnant un volant V et une poulie P (fig. 1). Le mouvement est communiqué par la poulie P ; grâce à l'excentrique, il est transformé en mouvement alternatif et par l'intermédiaire de la bielle C et des plaques D et D', actionne le porte-mâchoire A. L'écartement est maintenu par les plaques D et D'. La mâchoire B oscille donc autour de l'axe Q.

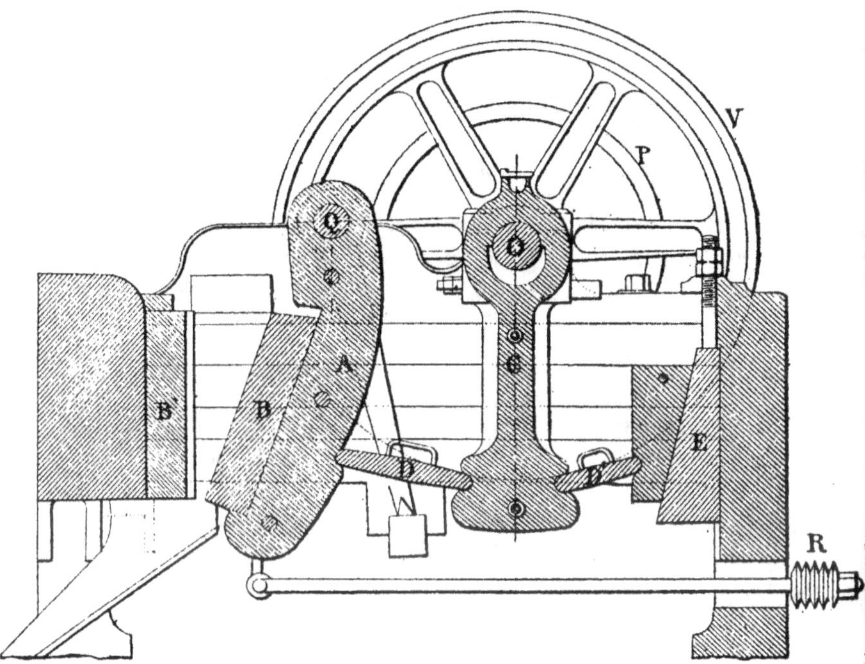

Fig. 1 — Concasseur.

Les garnitures B et B' très facilement démontables évitent l'usure trop rapide du porte-mâchoire A. Quand l'arbre O tourne, la bielle C monte pour redescendre ensuite et pendant son ascension, elle rapproche la mâchoire B de la mâchoire fixe B ; la mâchoire B est est ramenée à sa position primitive en cédant au ressort R. A l'aide d'un coin E on peut rapprocher plus ou moins les deux mâchoires d'où il s'en suit qu'on peut faire varier la grosseur des morceaux concassés.

Si le concasseur, tout en restant à simple effet, était à double mâchoire mobile, il y aurait en plus un jeu de leviers rendant connexe le mouvement des deux porte-mâchoires.

Dans le cas d'un concasseur à double effet et à simple mâchoire mobile, la tige d'excentrique C transmettrait son mouvement sur un levier à trois branches oscillant autour d'un axe horizontal. La mâchoire mobile agirait deux fois pour un tour d'excentrique. Enfin, dans le concasseur à double effet et à double mâchoire mobile, il suffit d'ajouter le jeu des leviers dont il est parlé pour le concasseur à simple effet et à double mâchoire mobile.

DONNÉES

Embouchure à la partie supérieure { Longueur . . .	200	mm.
{ Largeur . . .	100	mm.
Diamètre de la poulie de commande . . .	400	mm.
Largeur — — . . .	80	mm.
Nombre de tours par minute	250	
Force en chevaux-vapeur.	2	

Production par heure en kilogrammes :

a) Passage de 25 mm.	1.300	kg.
b) — 50 mm.	2.500	»
Longueur.	1.50	
Largeur	1.10	
Poids approximatif.	1.250	kg.
Prix.	2.000 à 2.500	fr.

Au nombre des principaux constructeurs de concasseurs et broyeurs pour phosphates, il convient de citer la maison V. Dalbouze, 208, rue Saint-Maur, Paris ; la maison Beer, Société anonyme à Jemeppe-lez-Liège (Belgique) ; la maison Thivet Hanctin, 18, rue du Port, à Saint-Denis (Seine), et la maison E. Villain, rues des Rogations et d'Arcole, à Lille.

Broyage. — Il y a lieu de faire une distinction entre les appareils broyant par écrasement et ceux broyant par projection ; les premiers, en effet, seront principalement employés pour les produits destinés à l'enrichissement par voie humide, et les seconds le seront pour les matières destinées à la ventilation. Comme nous le verrons plus loin, la préparation mécanique des phosphates destinés à l'enrichissement, demande une grande attention et a toujours été beaucoup trop négligée.

Les industriels n'observent pas constamment le même ordre dans la suite des opérations, c'est ainsi que certains font sécher les matières avant de les broyer ; cela dépend du coefficient d'humidité et aussi de la nature intime du phosphate.

Nous avons dit que les broyeurs opèrent par écrasement ou par projection ; dans le premier cas ils réduisent toute la masse en poudre plus ou moins impalpable et dans le second il est possible de ne réduire que certaines parties friables de la matière première, laissant intactes d'autres parties plus dures, et on a ainsi un mélange d'éléments éminemment propre au travail d'enrichissement. Cette préparation est obtenue à l'aide de désagrégateurs et de broyeurs projetant, plus ou moins fortement, les produits contre des surfaces très résistantes et présentant généralement des saillies. Nous distinguerons donc :

1° *Broyeurs à écrasement.*

2° *Broyeurs à projection.*

Dans chaque série, nous citerons :

1° *Broyeurs à écrasement.* — *Meules* verticales, horizontales, cannelées.

Moulins à cylindres. — Horizontaux lisses, dentés, épicycloïdaux, etc.

Moulins à boulets. — A force centrifuge, boulets frappeurs, tube broyeur.

Broyeurs-tamiseurs.

2° *Broyeurs à projection.* — Broyeur *Vapart.* Désagrégateur *Karr* et broyeurs à cages. Broyeur-granulateur. Broyeur *Carter.*

1° Broyeurs à écrasement.

Moulins à meules. — Suivant la construction, il convient de distinguer :

Meules verticales : { *a*) Deux meules folles.
{ *b*) Une meule folle, l'autre fixe.

Meule horizontale : { *a*) Meule inférieure folle.
{ *b*) Meule supérieure folle.

a) *Meule verticale.* — *Deux meules folles.* — Le moulin se compose de deux meules verticales, folles sur les pivots horizontaux. Chaque meule peut se lever quand un corps trop dur se présente ; il n'y a donc pas chance de rupture. Un axe vertical reçoit un mouvement de rotation et le communique aux pivots horizontaux. La matière à broyer est avancée au centre de la table où des râcloirs l'étendent. Les segments et anneaux en fonte sont en fonte dure en coquille (fig. **2**).

Fig. 2. — Meule verticale.

DONNÉES

Meules : { Diamètre . . . . 1 m. 000
{ Largeur. . . . . 0 m. 250

Poulie motrice : { Diamètre . . . . . 1 m. 000
{ Largeur . . . . . . 0 m. 140

Nombre de tours de la poulie motrice, par minute 96

Nombre de tours des meules, par minute . 24

Poids approximatif d'une meule . . . . 1.1000 kg.
Force motrice en chevaux 4
Production par heure (dureté moyenne ;
grosseur des grains de **2 à 3** mm.) . . . . 450 kg.
Longueur . . . . 2 m. 600
Largeur . . . . 1 m. 800
Hauteur . . . . 2 m. 100
· Poids approximatif de la machine . . . 5.300 kg.
Rhabillage à faire tous les trois jours.
Prix . . . . 2.000 à 3.000 fr.

b) *Meule verticale. — Une meule folle, l'autre fixe.* — La meule fixe est reliée au bâti. L'autre reçoit un mouvement de rotation provenant d'un arbre horizontal. La meule tourne en porte-à-faux. Il n'y a plus de trémie, mais la matière à broyer arrive par une cavité creusée dans la meule fixe. Les deux meules peuvent être plus ou moins rapprochées, grâce à une vis commandée par un volant. Un ressort permet l'écartement des deux meules et évite ainsi les chances de rupture ; voici, du reste, la description complète de la meule R. Villain, constructeur à Lille.

Le système comprend un bâti B muni de deux paliers PP dans lesquels tourne l'arbre A devant actionner la meule M. A cet effet, on visse sur l'arbre A, sur lequel se trouve également la poulie de commande, un plateau T, et la meule est scellée au soufre dans ce plateau.

Dans un second plateau T' venu de fonte avec la couronne obturatrice, est maintenue de la même façon, la meule fixe M' et le plateau T' est calé sur un axe carré H pouvant coulisser dans des portées adhérentes au bâti ; le bout J de cet axe est relié à une tige filetée prenant écrou dans le bâti ; la vis, se manœuvrant à l'aide d'un palan calé à son extrémité, est munie d'un épaulement venant butter contre un ressort en acier. Sur cet épaulement, désigné par la lettre E fig. 3) est fixé un index indiquant sur une règle graduée les pressions données aux meules par suite du serrage de la vis.

Cette meule étant complètement close, les poussières folles ne se

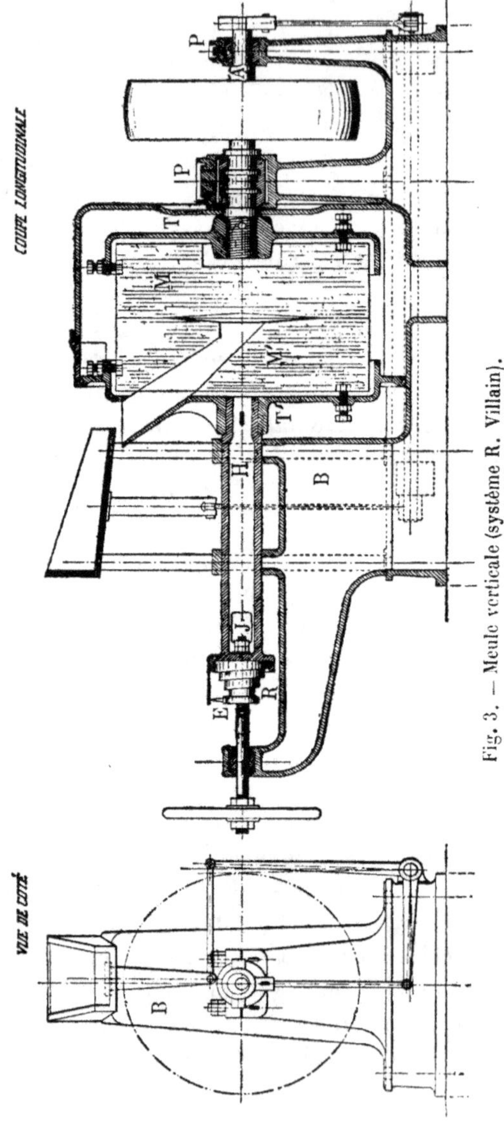

Fig. 3. — Meule verticale (système R. Villain).

répandent pas dans l'atmosphère et les organes de machines ne sont pas détériorés, on peut obtenir facilement des poudres très fines et très régulières. Le système que nous venons de décrire est très employé dans les industries minérales, et toujours il a donné entière satisfaction.

Les maisons Humboldt, 19, boulevard Haussmann, à Paris, et Ruelle à Blanc-Misserons (Nord), fournissent également de très bons appareils à l'industrie du phosphate.

En outre, des deux cas (*a*) et (*b*) que nous venons d'étudier, on rencontre des systèmes de meules offrant quelques variantes ; en voici quelques exemples :

Meule verticale pour pulvérisation. — L'organe principal de cette machine est une meule verticale en granit montée sur maçonnerie à caveau. La meule reçoit son mouvement de rotation d'un arbre vertical traversant la cuvette, commandé lui-même au moyen de roues d'angle, par l'arbre horizontal recevant le mouvement. Des râclettes (fig. 4) détachent de la piste la matière écrasée et d'au-

Fig. 4. — Meule verticale pour pulvérisation

tres la ramènent constamment sur le passage de la meule, l'une d'elles est mobile et sert à la fin de l'opération à chasser la poudre par un orifice à tiroir dans une coulotte façonnée dans la maçonnerie. L'arbre entraîneur de cette meule est muni d'une rotule pivotant en un point fixe d'un fort levier à chappe, en fer forgé, permettant le libre déplacement de la meule sur les matières à écraser. Cette meule a été brevetée par MM. Beyer frères, à Paris.

Pulvérisateur à table tournante, à meules coniques ou cylindriques. Ces machines, de construction robuste, sont disposées avec arti-

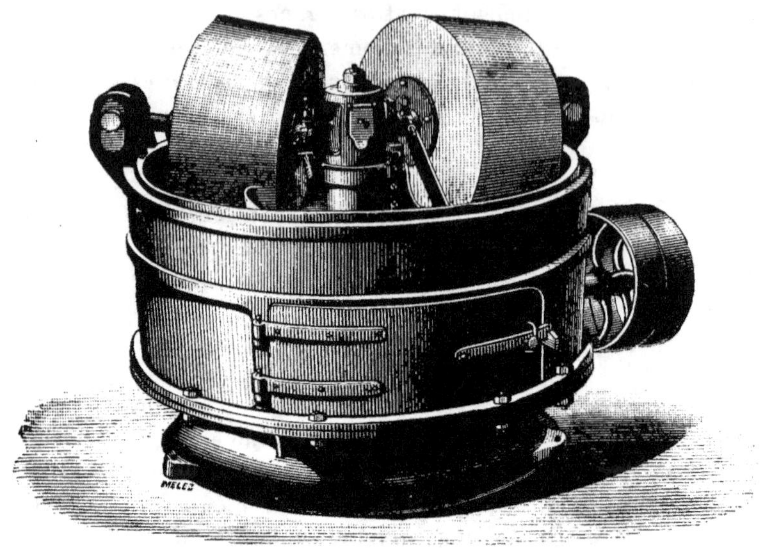

Fig. 5. — Pulvérisateur à table tournantes, à plaques coniques.

Fig. 6. — Pulvérisateur à table tournante, à meules cylindriques et cannelées.

culation de chaque meule, indépendante l'une de l'autre. Ces meules tournent sur des axes à coulisses et s'élèvent librement dans le sens vertical pour agir de tout leur poids et dans toute leur largeur sur la matière à écraser (fig. 5 et 6).

Meules horizontales : { *a*) Meule inférieure folle.
{ *b*) Meule supérieure folle.

a) Meule horizontale. — Meule inférieure folle. — Ces moulins sont ordinairement plus puissants que les moulins à meules verticales. Il est très rare qu'on rende la meule inférieure folle ; on a plutôt recours à la disposition suivante (fig. 7).

Fig. 7. — Meule horizontale.

b) Meule horizontale. — Meule supérieure folle. — La meule inférieure est appelée gisante. Le plus ou moins grand rapprochement des meules permet d'obtenir des finesses variables. L'arbre moteur est horizontal, et il se transmet à l'arbre vertical par un engrenage conique. La meule courante est supportée par l'arbre vertical au moyen d'une pièce appelée « anille ». Le rapprochement des meules s'obtient par un jeu de leviers qu'actionne un volant. C'est une trémie qui permet l'arrivée de la matière.

DONNÉES

Diamètre de la meule.	1 m. 600
Nombre de tours par minute	100
Diamètre de la poulie.	1 m. 600
Largeur de la poulie	0 m. 220
Nombre de tours de la poulie par minute	65
Force motrice en chevaux	7 à 14
Production moyenne par heure	1.200 kg.
Longueur.	2 m. 75
Largeur	2 m. 10
Hauteur	3 m. 00
Poids de la machine	9.700 kg.
Rhabillage tous les trois jours.	
Prix	2.000 à 3.000 fr.

Les meules verticales sont parfois cannelées, mais celles de ce genre ne sont guère employées dans l'industrie des phosphates. Presque toutes les meules proviennent des blocs siliceux extraits à la Ferté-sous-Jouarre et dans d'autres gisements appartenant aux Etablissements de la Société Générale Meulière. Nous citerons, par exemple les produits et les usines de Domme (Dordogne), Marseille, Epernon (Eure-et-Loire), Gannat. La pierre fournie par cette société est excessivement résistante, très homogène, peu poreuse et ne contient aucun argile pouvant altérer les matières à triturer. L'analyse chimique a prouvé que ces pierres se rapprochent beaucoup, par leur composition, des silex purs. Le mordant est augmenté parce que les pierres sont employées sur fiche (fig. 8). Suivant que la meule doit tourner à droite ou à gauche, on a soin de la rayonner différemment (fig. 9).

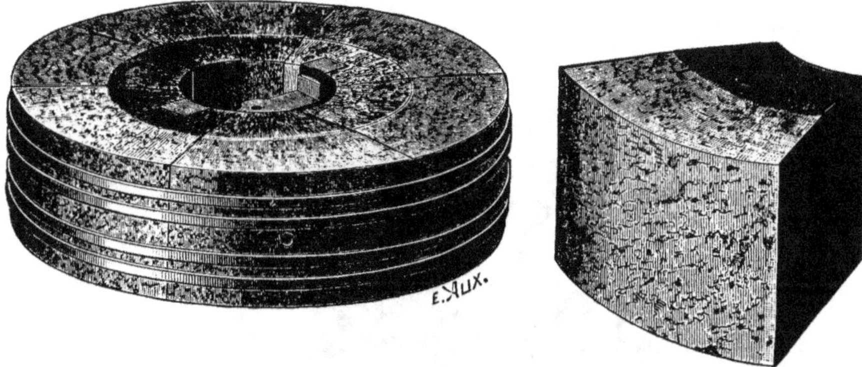

Fig. 8. — Assemblage d'une meule.

Fig. 9.

Meule rayonnée pour tournée à gauche   Meule rayonnée pour tourner à droite.

On a également construit des moulins à disques et qui sont connus dans l'industrie sous le nom de moulins Excelsior.

Moulins à meules horizontales (système Beyer frères). — La meule supérieure tournante est scellée dans un entourage de fonte, la meule inférieure dormante est fixe et fait corps avec le bâti (fig. 10).

Fig. 10. — Moulin à meules horizontales.

Le centre des meules est occupé par un système de concasseur-dégrossisseur à noix en acier, taillées et trempées.

La commande de la meule tournante se fait par l'intermédiaire de roues d'angle placées entre les pieds du bâti.

Un réglage par volant à vis permet de régler l'écartement des meules.

Moulins à cylindres. — On les divise en :
a) Moulins à cylindres horizontaux lisses,
b)　　　—　　　　—　　　　　—　　　　dentés,
c)　　　—　　　　—　　　　　—　　　　épicycloïdaux.

a) *Moulins à cylindres horizontaux lisses*. — Ils comprennent deux cylindres lisses de diamètres parfois différents ; comme les vitesses de rotation ne sont pas les mêmes, on obtient un glissement. Un seul des cylindres est actionné directement, l'autre est muni de deux ressorts qui permettent l'écartement des rouleaux quand passe un corps trop dur. Les matières arrivent par une trémie au-dessus des cylindres.

Données

Diamètre des cyliudres . . . . 260 mm.
Largeur des cylindres. . . . . 260 mm.
Nombre de tours des cylindres et de la poulie de
  commande, par minute 130
Diamètre de la poulie-volant. 900
Largeur de la poulie-volant. . . . . . 120 mm.
Diamètre de la petite poulie. . . . . . . 500 mm.
Largeur de la petite poulie . . . . 80 mm.
Production approximative par heure. . . . 1.300 kg.
Force en chevaux-vapeur 3
Longueur. . . . . 1 m. 60
Largeur . . . . 1 m. 20
Hauteur . . . . 0 m. 75
Poids approximatif de la machine. . . . . 1.350 kg.

Fig. 11. — Moulin à cylindres.

Un moulin de ce genre très employé, en ce moment, est connu sous le nom de moulin américain. Son axe à paliers mobiles est fixé sur un cadre très robuste en forme de fer à cheval (fig. 11), ce cadre est supporté par deux leviers verticaux qui peuvent tourner avec lui autour d'un pivot faisant partie du bâti. Sur ce point sont disposés verticalement les coussinets de l'axe du cylindre. Cette disposition permet de supprimer les roues d'accouplement

b) *Moulin à cylindres horizontaux dentés*. — L'aspect de la surface du cylindre seule, diffère des moulins à cylindres lisses.

En pratique, quand on veut obtenir des produits très fins, pour répéter le travail, on dédouble simplement les cylindres et on les superpose.

Données

Diamètre du grand cylindre.	400 mm.
Diamètre du petit cylindre.	325 mm.
Largeur des cylindres.	260 mm.
Nombre de tours des cylindres par minute . .	90
Nombre de tours de la poulie de commande par minute	90
Diamètre de la poulie-volant dentée. . . .	1 m. 300
Largeur de cette poulie.	100 mm.
Diamètre de la petite poulie.	700 mm.
Largeur de cette poulie	140 mm.
Force motrice approximative en chevaux. . .	6
Production par heure.	3.000 kg.
Longueur	2 m. 100
Largeur	1 m. 600
Hauteur	1 m. 150
Poids approximatif.	3.000 kg.

Il existe encore des moulins à cylindres épicycloïdaux, mais qui ne sont pas employés dans les usines à phosphate. La maison Humboldt fournit d'excellents moulins à meules et à cylindres, ainsi que la maison Beer et la maison Thivet-Hanctin qui a fait breveter un système de meules cannelées.

Nous devons également citer la maison R. Villain de Lille, dont les broyeurs à cylindre sont réputés parmi les meilleurs.

Moulins à boulets. — On a construit divers moulins à boulets parmi lesquels il convient de distinguer :

a) Moulins à boulets proprement dit :

b) Moulins à boulets frappeurs ;

c) Tube broyeur.

a) Moulins à boulets proprement dit. — Dans ce moulin comme dans ceux du même genre, du reste, l'écrasement est obtenu par une suite de chocs.

L'appareil se compose d'un tambour rotatif en acier et dont une partie est formée par des barreaux. Ce tambour est formé de chaque côté par des plaques de fer forgé reliées à l'arbre moteur et protégées elles-mêmes par des plaquettes de garantie en fonte durcie. A l'intérieur du tambour sont déposées des sphères en acier qui peuvent agir librement. Beaucoup de ces moulins sont alimentés par un dispositif spécial. Les parois latérales du tambour sont évidées en leur centre et laissent pénétrer l'arbre moteur sur lequel sont fixées deux hélices dont le mouvement de rotation fait avancer les produits vers l'intérieur.

Dès que la matière, ainsi introduite a été assez finement broyée par les boulets, elle est criblée par une sorte de double enveloppe tamisante, puis elle s'échappe par un entonnoir de dégagement.

Données

Diamètre du moulin.	2 m. 170
Largeur du moulin	1 m. 180
Nombre de tours du tambour, par minute. . .	21
Nombre de tours de la poulie motrice par minute.	125
Diamètre de la poulie à courroie.	1 m. 200
Largeur de la poulie à courroie.	0 m. 220

Force nécessaire en chevaux-vapeur.   12
Longueur . . . .   4 m. 90
Largeur. . . . .   2 m. 50
Hauteur. . . . .   3 m. 90
Poids de la machine sans boulets. . . . .   9.100 kg.
Poids d'un jeu de boulets. . . . .   900 kg.
Prix d'un moulin avec organes moteurs . . .   8.150 fr.
Prix d'un jeu de boulets par 100 kg. . . . .   60 fr.
Prix des boulons à grappins et des plaques. . .   100 fr.

On modifie parfois le moulin de la façon suivante :

Le bandage en acier est creusé intérieurement suivant un arc de cercle de façon à présenter en creux le profil des boulets et ceux-ci sont logés entre les bras d'un menard calé sur l'arbre vertical placé au centre de l'appareil. La force centrifuge les entraîne avec une vitesse de 180 à 200 tours par minute et ils viennent se loger dans la gorge du bandage où les produits se trouvent broyés. Un tamis disposé sur le bandage laisse passer l'impalpable et le reste retourne à l'intérieur du moulin. Sur le versant sont placées des ailettes qui jouent le rôle de ventilateurs (fig. 12).

Données

Force	Production par heure	Poids	Prix
5 à 6 chevaux	200 à 500 kg.	1.200 kg.	1.800 fr.
10 à 15 chevaux	800 à 1500 kg.	3.500 kg.	3.200 fr.

On peut se procurer ces moulins à boulets chez MM. Paul Barbier, ingénieur-constructeur 46, boulevard Richard Lenoir ; Ch. Morel, constructeur à Domène près Grenoble (Isère), et Thivet-Hanctin, 18, rue du Port à St-Denis.

b) Moulin à boulets frappeurs. — Cet appareil est un moulin à boulets ordinaires, mais perfectionné. Il consiste en un tambour, formé de gradins ou plaques perforées S. Les produits sont amenés en morceaux de moyenne grosseur en I, par le côté du tambour. Après avoir traversé les plaques S, ils rencontrent une série de tamis gradués *t, u*. Quand la poudre est assez fine, ils sortent par le finisseur V (tamis extérieur), et les fragments trop volumineux sont soumis à nouveau à l'action des boulets. Les produits sortant de ce moulin, peuvent passer, en partie, aux tamis 80 et 100. C'est

Fig. 12. — Moulin à boulets.

l'ingénieur Smidth qui est l'inventeur de ce perfectionnement. L'usure est d'autant plus faible qu'on se contente de matière peu

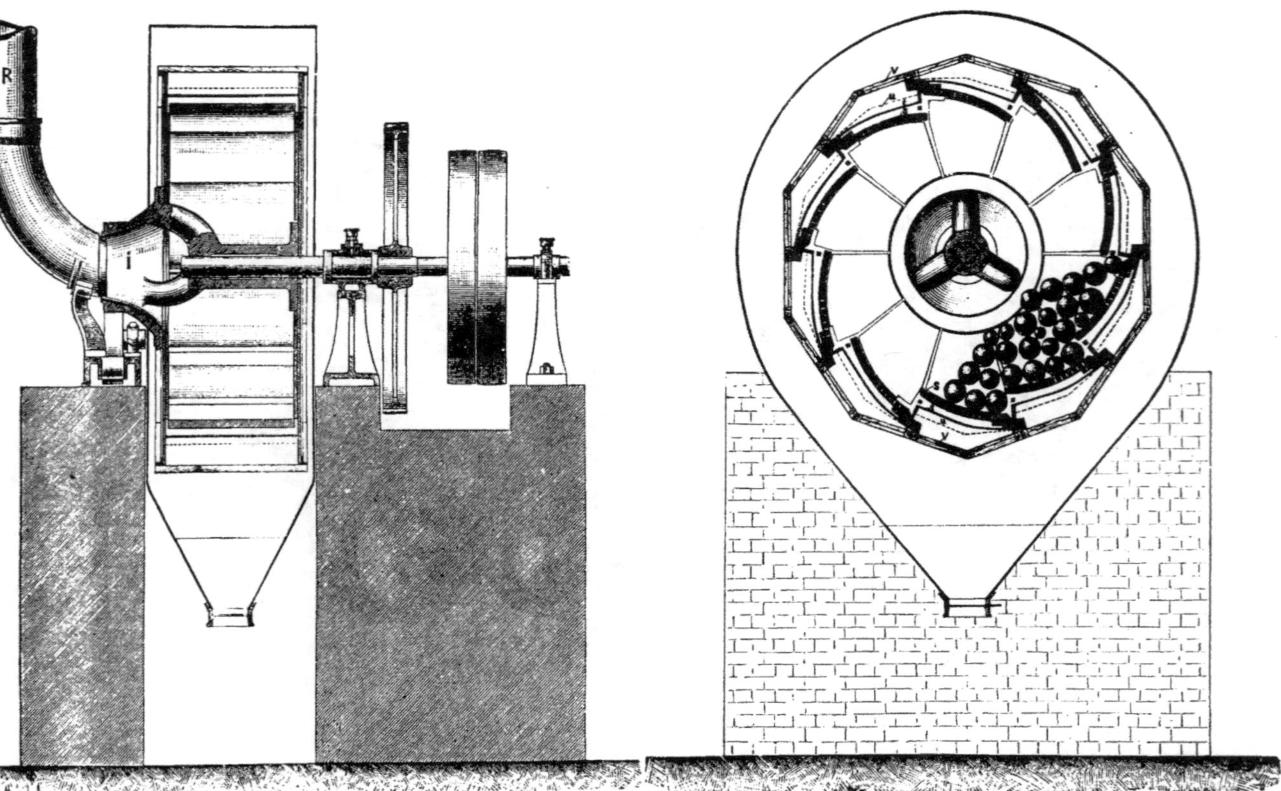

Fig. 13. — Machines à boulets frappeurs.

broyée. C'est ainsi qu'un moulin préparant une poudre pour le tamis 40, résistera plus longtemps au travail qu'une autre machine broyant pour le tamis 100 (fig. 13 et fig. 14).

Fig. 14. — Moulin à boulets (système Smidth).

Données

Emplacement	Force	Prix
2 m. 500 × 1.000	1.5	1.500
2 m. 500 × 2.000	4	2.000
3 m. 000 × 2.400	8	6.200
3 m. 670 × 2.050	12	8.000

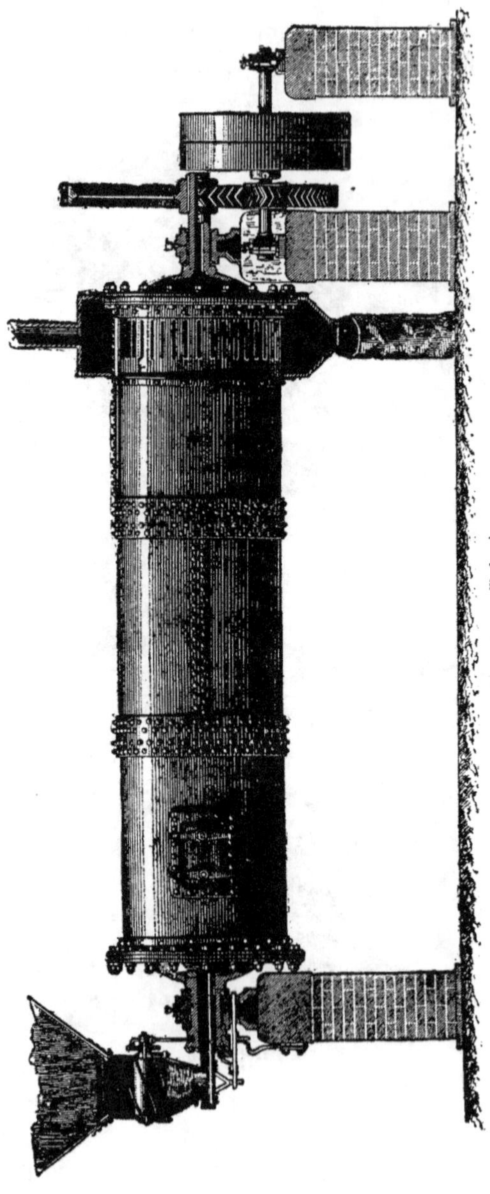

Fig 15. — Tube broyeur.

c) Tube broyeur. — Il consiste en un long cylindre posé horizontalement et tournant sur son axe. A l'intérieur, peuvent se mouvoir en liberté de nombreux boulets. Les produits pénètrent par le centre de l'un des deux côtés et ils sortent broyés de l'autre côté. La matière circule, obéissant au mouvement de rotation du tube. Afin de protéger le tambour, on garnit intérieurement le tube de pierres très dures. Le réglage de l'ouverture de la vanne d'alimentation permet d'obtenir des produits plus ou finement broyés (fig. 15).

Données

Emplacement	Force	Prix
2.70 $\times$ 1.50	3	2.000
4.00 $\times$ 2.00	5	3.500
5.00 $\times$ 2.50	10	6.000
7.00 $\times$ 2.50	20	8.000
7.50 $\times$ 3.00	30	9.500

Le moulin à boulets frappeurs et le tube broyeur sont construits chez M. Davidsen, ingénieur-constructeur, 144, boulevard de la Villette.

Broyeurs tamiseurs. — Avant de passer aux broyeurs à projection, disons quelques mots de ces broyeurs qui brisent, tamisent et ramassent, le tout à la fois.

Il faut d'abord concasser grossièrement les produits puis les faire arriver sur le passage des meules. Après le broyage un ramasseur prend la matière moulue et celle-ci est dirigée automatiquement sur une toile métallique. La disposition de cette toile peut varier et c'est ainsi qu'on emploie des cônes, de simples tamis ou encore des bluteurs (fig 16).

Ces appareils sont supérieurement construits par la maison J.-M. Fleury, 91, rue de Crimée, Paris.

Données

Diamètre	2 m. 05
Hauteur de la transmission.	2 m. 26
Diamètre des poulies.	0 m. 88
Poids	3.100 kg.
Force	2 à 3 chevaux
Prix	1.500 francs.

Moulin Griffin. — En principe, ce moulin se compose d'une meule fixée à un arbre suspendu, tournant contre un anneau-mortier ; à sa partie supérieure l'arbre est pourvu d'un joint universel, de cette

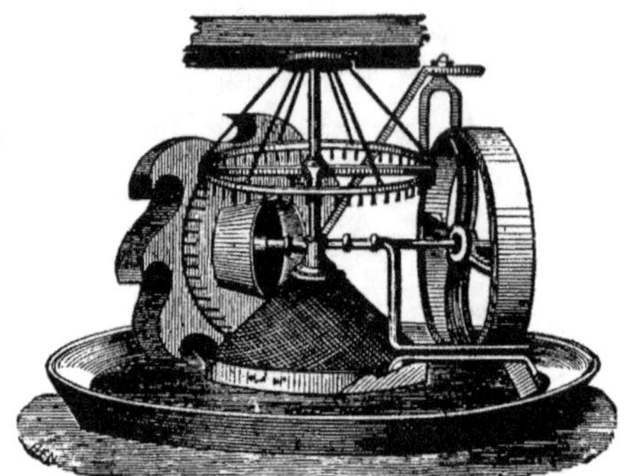

Fig. 16. — Broyeur-tamiseur.

façon, le frottement et l'usure des engrenages et paliers, si considérables quand le cylindre est mû par des engrenages, disparaît complètement. C'est la force centrifuge qui presse le cylindre contre l'anneau-mortier.

L'arbre est suspendu à l'intérieur d'une poulie, comme nous venons de le dire, au moyen d'un joint universel tournant avec la poulie, le joint permet à l'arbre et au cylindre que celui-ci supporte, de presser contre l'anneau-mortier.

Le sens de rotation du cylindre dans le mortier est le même que celui de la poulie, mais dès que le cylindre touche le mortier, ce sens de rotation devient inverse et les produits à broyer subissent un double effet.

C'est avec une force de **3.000** kilos que le cylindre presse les produits contre le mortier, et le double effet produit une pression énorme. La poudre obtenue par le broyage au moulin Griffin est composée de grains égaux et bien brisés à arêtes vives.

La fig. **17**, donne une vue en perspective du moulin arrangé pour le broyage à sec.

La matière à broyer est introduite par le mécanisme automatique qui la fait passer à l'intérieur du moulin où le cylindre-broyeur

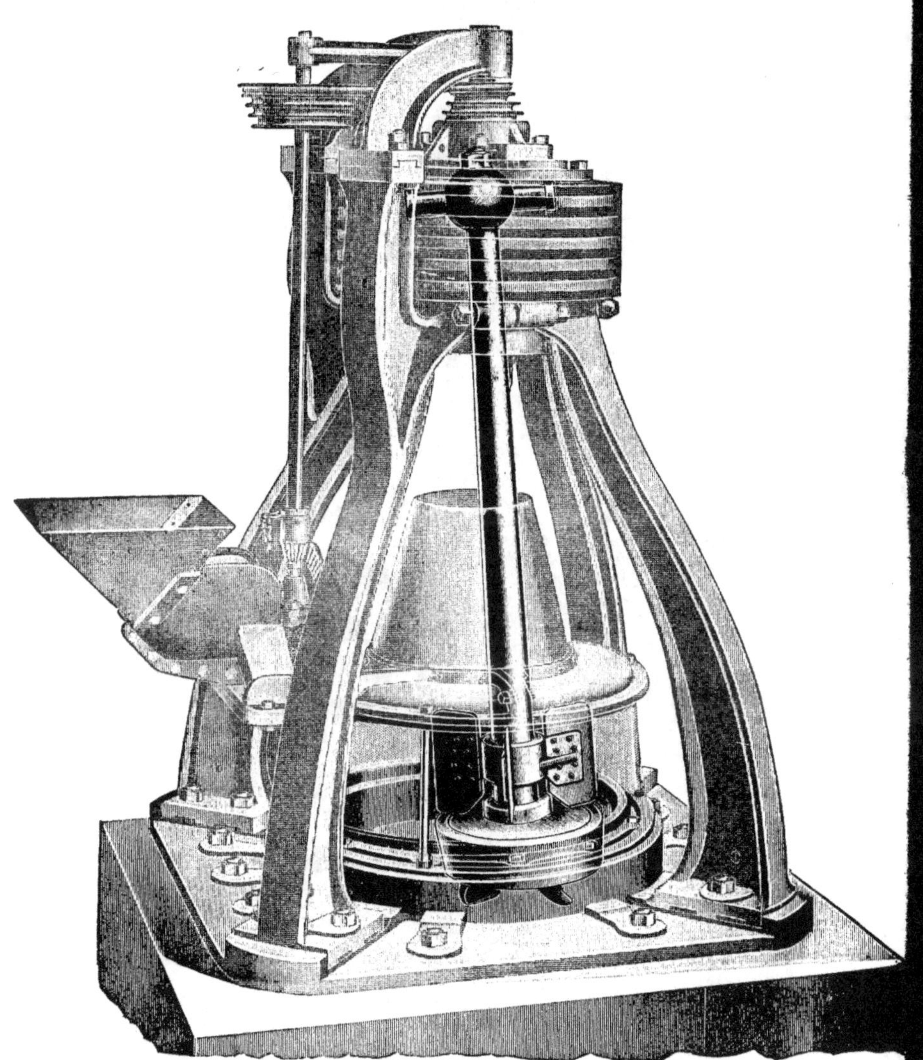

Fig. 17. — Moulin Griffin arrangé pour broyage à sec.

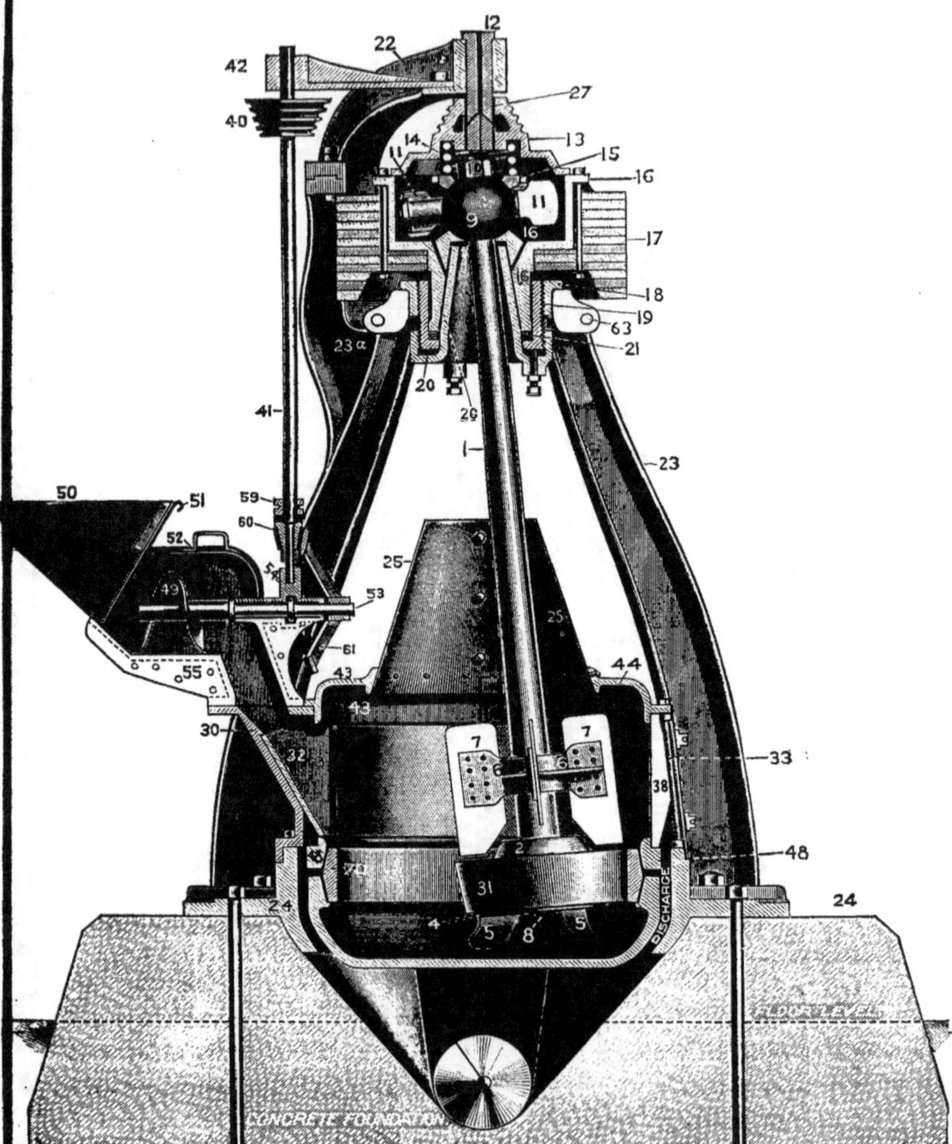

Fig. 18. — Coupe du moulin Griffin.

muni de sabots (ailettes), remue continuellement la matière et la lame entre le broyeur et le mortier, tandis que les produits finis montent et passent par les tamis.

L'air chargé des produits frais est aspiré par une sorte de ventilateur formé d'ailettes fixes à l'arbre, cet air s'échappe au-dessus du cylindre. De cette manière, la première ne peut sortir que par les tamis et après être passé par les tamis, les produits broyés tombent, par des ouvertures dans les réservoirs placés au-dessous, on peut les transporter où l'on veut.

Ce moulin peut travailler par voie sèche ou par voie humide ; pour les phosphates, le rendement est de 4.000 kilos par heure ; les produits obtenus passent par les tamis partant de 150. Quand on broie à voie humide, les ailettes-ventilateurs sont supprimées. L'eau est introduite avec la matière à broyer, le produit est transporté en passant par les tamis dans le canal de décantation.

Comme description technique, nous pouvons dire que la force motrice est reçue par une poulie horizontale. L'arbre est suspendu dans cette poulie au moyen d'un joint universel et à la partie inférieure de l'arbre se trouve fixé le cylindre-broyeur qui peut balancer dans toutes les directions à l'intérieur du mortier. La fig. 18 permet de voir que l'anneau-mortier est composé de la plaque de fondation (24) avec l'anneau (70) contre lequel travaille le cylindre (31) sur la surface verticale duquel se fait la réduction. Le mortier est pourvu de trous à l'extérieur. Sur la plaque est fixé le cadre du tamis entouré d'un cylindre en tôle sur la partie supérieure duquel est placé un cône ouvert en tôle (25) donnant passage à l'arbre. L'arbre (1) supporte le cylindre broyeur et le ventilateur (7) est appliqué au-dessus de ce cylindre. En dessous du cylindre, se trouvent des valets (5) dont la forme varie suivant le travail à faire.

La poulie (17) tourne sur le palier conique (20) pouvant être déplacé et étant porté par le bâti (23). Deux de ces bâtis (230) sont allongés par le haut pour porter la console double (29) qui sert de palier au petit arbre perforé (12). A l'intérieur de la poulie se trouve le joint universel auquel l'arbre (1) est suspendu. Ce joint se compose d'une sphère (9) avec tourillons. Ceux-ci fonctionnent dans les coussinets guides (11) qui glissent de haut en bas, dans des rainures de la partie supérieure de la poulie (16). Le joint dans la poulie, se trouve renfermé au moyen du couvercle (13). De cette façon, toutes les parties mobiles sont protégées contre la poussière et le sable. L'huile passe par le canal vertical de l'arbre (12).

Quand on opère à sec, le produit fin ayant traversé les tamis tombe par les ouvertures en dehors de l'anneau dans un réservoir placé au-dessous d'où il est emporté au moyen d'une vis sans fin.

Quand on opère par voie humide, l'eau est introduite avec la matière ; les schlammes passent par les tamis dans le canal extérieur et sont déchargées d'un côté.

Données

Hauteur extérieure avec bâti en fer . . .	2 m. 504
Largeur	1 m. 652
Hauteur des fondations au milieu de la poulie	1 m. 932
Poids total du moulin.	3.265 kg.
Nombre de rotations de la poulie par minute	190 à 200
Force motrice nécessaire.	15 à 25 H.P.
Diamètre de la poulie.	0 m. 762
» du cylindre-broyeur	0 m. 457
» de l'anneau-mortier	0 m. 762
Hauteur de l'anneau-mortier	0 m. 152
Poids	118 kg.
Poids de l'anneau-broyeur	46 kg.
Pression du cylindre contre le mortier. . .	3.000 kg.

Prix

Anneau-broyeur.	100 fr.
Anneau-mortier.	125 fr.
Ailette (sabot sous le cylindre-broyeur). .	26 fr.

Ces moulins sont fabriqués par la « Bradley Pulverizer Company » Boston, Mass., 92, State Street, Etats-Unis d'Amérique, représentée en Europe par M. A.-V. Young. directeur-général à l'hôtel du Dôme, à Cologne-s.-Rhin.

2° *Broyeurs à projection*

Broyeur Vapart. — On ne saurait trop recommander l'emploi de ce broyeur quand on désire une séparation d'éléments de duretés différentes, par exemple de craie et de phosphate dans les craies phosphatées.

Nous aurons l'occasion d'en parler plus loin, lorsque nous étudierons l'enrichissement par voie sèche.

Le broyeur Vapart est formé de trois plateaux horizontaux fixés sur un arbre vertical, ces plateaux portent des armatures disposées suivant les rayons. L'arbre repose en bas sur un pivot et est guidé, en haut, par un collet, le tout enfermé dans une enveloppe cylindrique muni de deux portes par lesquelles on peut visiter l'appareil ; à l'intérieur de cette enveloppe sont fixés des entonnoirs contre les plateaux et des segments en face des dits plateaux.

Pour le broyage, l'arbre et les plateaux sont animés d'un mouvement de rotation (fig. **19** et **20**).

Par l'ouverture de chargement, les matières sont amenées au centre du premier plateau ; elles se distribuent sur ce plateau entre les armatures directrices, et, par l'action de la force centrifuge, sont projetées contre la première ferrure dentée. L'action de la pesanteur les ramène par le premier entonnoir, au centre du second plateau, d'où elles sont projetées sur les deuxièmes segments dentés ; elles retombent au centre du troisième plateau par le deuxième entonnoir, sont projetées sur la troisième ferrure et tombent au fond du broyeur.

Une palette, fixée sous le dernier plateau, les fait descendre dans une chambre d'où une chaîne à godets les emmène, si besoin est, à une bluterie convenablement disposée.

Le broyeur Vapart, et cela devait résulter de ce que nous avons dit plus haut emploie peu de force relativement à l'effet produit.

Son entretien est très facile, les pièces qui s'usent sont en fonte brute et le premier ouvrier venu peut les changer en fort peu de temps.

Les parties frappées sont immobiles, on peut leur donner la ré-

sistance nécessaire et, par suite, pulvériser les matières les plus
dures. Les parties mobiles peuvent, au contraire, être faites assez

Fig. 19. — Broyeur Vapart.

légères : on évite ainsi les charges sur le pivot et on peut faire tourner très vite l'arbre et les plateaux.

La production du broyeur Vapart est énorme. Elle varie avec les matières et aussi avec la finesse à laquelle on veut les obtenir. La

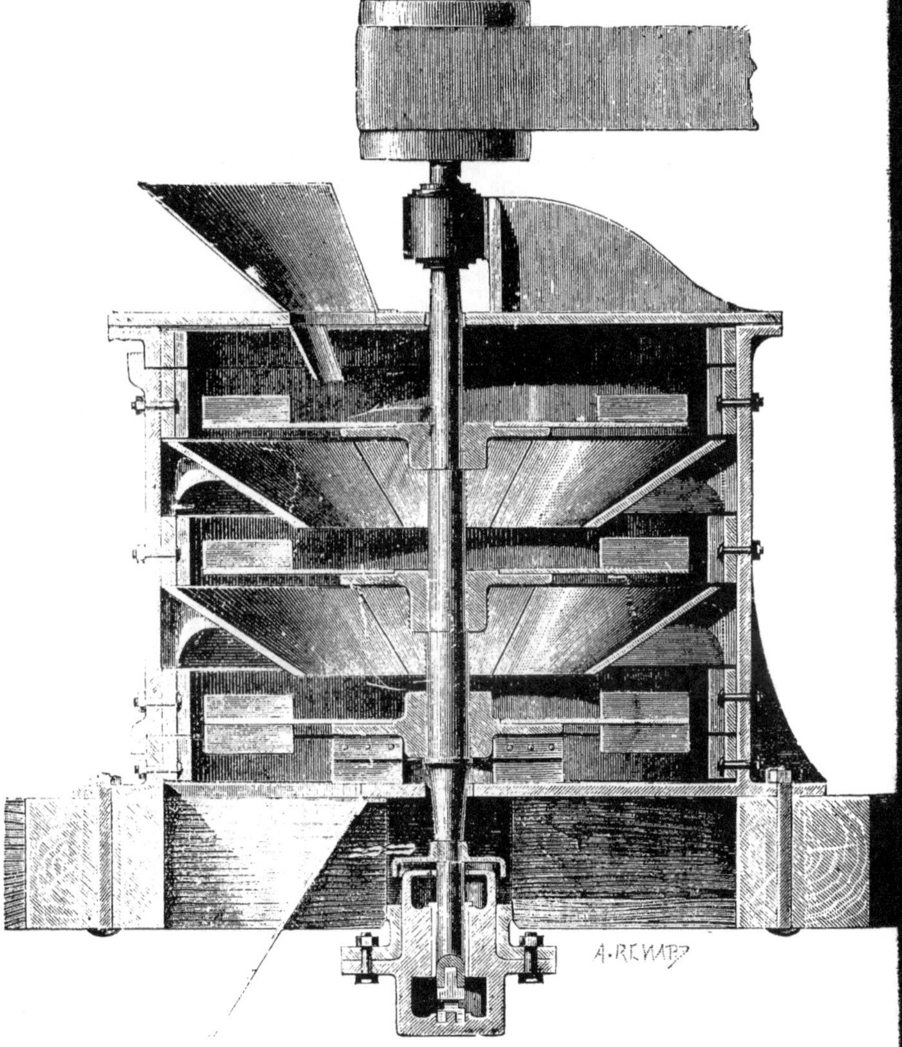

Fig. 20. — Broyeur Vapart.

vitesse à imprimer à l'appareil varie également dans les mêmes conditions.

Données

Diamètre	Force nécessaire	Poids	Prix
0.900	4	1.400	2.000
1.170	6 à 8	2.600	3.000
1.300	12 à 15	3.800	5.000
1.750	15 à 20	7.000	8.000

Le broyeur Vapart est construit par M. E. Bordier, ingénieur-constructeur, 60, rue de la Tour, Paris, et par la maison Beer, à Liège (Belgique).

Désagrégateur Karr et broyeurs à cages. — Ces désagrégateurs peuvent offrir des dispositions très différentes l'une de l'autre, suivant que les deux poulies sont du même côté de l'emplacement des cages ou qu'il y en a une à droite et l'autre à gauche. Disons de suite que cette dernière disposition est préférée dans certains cas, car la conduite de l'appareil est moins difficile. Voici quels sont les principaux organes de ces broyeurs (fig. 21). Deux cages formées

Fig. 21. — Broyeur à cages.

de plateaux et de barreaux d'acier peuvent pénétrer l'une dans l'autre, leurs diamètres n'ayant pas les mêmes dimensions. Ces cages sont recouvertes d'une enveloppe en tôle et elles tournent en sens contraire. Les produits qui arrivent dans ce tambour, par l'intermédiaire d'une trémie, sont lancés vers les parois et ils traversent de force les quatre rangées de barreaux. Afin d'éviter les dénivellations, on construit généralement le bâti d'une seule pièce, mais pour visiter l'intérieur, on détache la trémie de la capote.

Données

Diamètre extrême des désintégrateurs. . . .	800 mm.
Largeur intérieure minimum des tambours briseurs	200
Diamètre des poulies motrices	320
Largeur des poulies motrices.	150
Nombre de tours par minute.	800
Force motrice des chevaux.	5 à 8
Longueur	2 m.
Largeur.	1 m. 290
Hauteur.	1 m. 200
Production par heure	6.000 kg.
Poids approximatif de la machine	1.650 kg.
Prix	1.000 fr.

Les désagrégateurs à cages sont construits par la maison Beer à Jemeppe (Belgique), et Humboldt, 19, boulevard Haussmann, Paris.

Granulateur Weidknecht. — Ce granulateur (fig. 22), du système L. Loizeau, complété et perfectionné par M. Weidknecht, est basé sur le principe du cassage à la volée, par des marteaux mobiles articulés. Ces marteaux oscillant sur des axes sont animés d'une grande vitesse, et ils frappent à la volée les phosphates à broyer. La matière est lancée vers la partie supérieure où elle rencontre un parachoc où elle se broie ; puis elle est renvoyée sur les marteaux et ainsi de suite jusqu'à ce qu'elle ait la finesse voulue, pour ne plus être arrêtée par les grilles. Des plaques en acier de grande dureté garnissent l'appareil sur toutes les faces, à l'intérieur, et ces plaques dentelées sont boulonnées aux parois.

La maison F. Weidknecht, 5, boulevard Mac-Donald à Paris, construit cinq types de granulateurs :

Fig. 22. — Granulateur Weidknecht.

Type K¹, à **12** marteaux.

    Dimensions : **1** m. **500** ✕ **1** m. **100** ✕ **0** m. **900**.

    Poids : **610** kg. environ.

    Force requise en chevaux-vapeur : **2** à **3** chevaux.

    Prix : **1.800** francs.

Type K, à **16** marteaux.

    Dimensions : **1** m. **500** ✕ **1** m. **300** ✕ **0** m. **900**.

    Poids : **750** kg. environ.

    Force requise : **4** à **5** chevaux.

    Prix : **2.000** francs.

Type E, à **8** marteaux-acier de **1** kg. **500**.

    Dimensions : **0** m. **930** ✕ **1** m. **150** ✕ **0** m. **800**.

    Force requise : **2** à **3** chevaux.

    Poids : **850** kg. environ.

    Prix : **2.800** francs.

Type D, à **8** marteaux de **5** kg.

    Dimensions : hauteur **1** m. **350** ✕ longueur **1** m. **755** ✕ largeur **0** m. **921**.

    Force requise : **5** à **6** chevaux-vapeur.

    Poids : **2.000** kg. environ.

    Prix : **5.000** francs ;

    avec train, **6.000** francs.

Type C, à **8** marteaux de **10** kg.

    Dimension : **1** m. **900** ✕ **9** m. **650** ✕ **1** m. **700**.

4

Force requise : **7 à 8 chevaux**.

Poids : 4.500 kg. environ.

Prix : 8.000 francs.

Les types K[1] et K sont spéciaux pour le broyage de tous les produits demi-durs et tendres en général.

Les types E D et C sont spéciaux pour le broyage en poudre granulaire de toutes matières dures.

Fig. 23. — Désagrégateur-Pulvérisateur.

Désagrégateurs-pulvérisateurs. — Cet appareil, également construit par la maison Weidknecht, se compose d'un bâti en fonte émathique aciérée comprenant un socle et un chapeau. Les paliers sont dépendants ou indépendants des corps du bâti. L'arbre reçoit en son milieu un manchon sur lequel sont déposés des leviers fixes attelés en un point déterminé de leur extrémité, ce qui leur permet de se replier en marche si un corps étranger était introduit dans l'appareil (fig. 23).

L'appareil est garni dans son intérieur, et sur toutes les faces, de plaques en acier de grande dureté ; celles-ci sont dentelées et maintenues aux parois par des boulons. Le chapeau possède sur le plafond des garnitures également disposées en saillie et fixées par des boulons.

Les produits à désagréger sont introduits par une trémie agencée mi-partie sur le bâti, mi-partie sur le chapeau. La finesse de ces produits, après le travail, est déterminée par la dimension de la grille de sortie ; celle-ci est composée de petites lamelles en acier très dur entretoisées.

Il y a cinq types de ces désagrégateurs, savoir :

Type		
Type L	1.200 fr.	1 cheval
L1	1.500	2
L2	1.800	3
LL	2.800	6
LLL	3.800	12

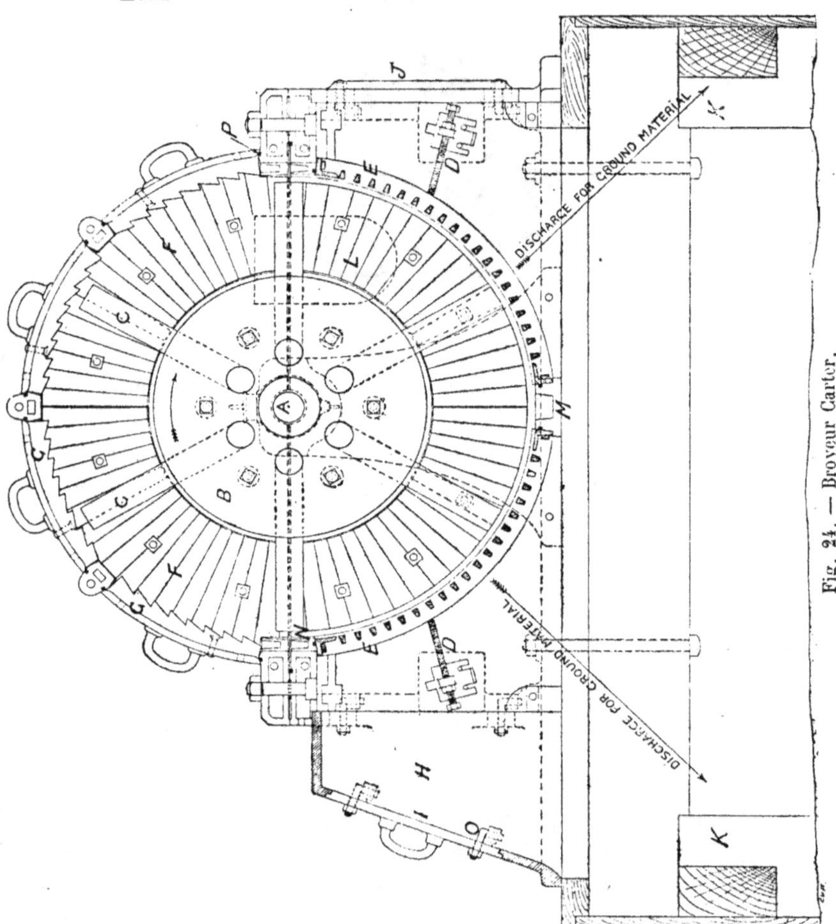

Fig. 24. — Broyeur Carter.

Broyeur Carter. — Le support indiqué par la figure 24 se compose d'un bâti de tête et d'un bâti de fond en charpente. Les pièces de chaque bâti sont mortaisées, solidement chevillées ensemble.

Les bâtis de tête et de fond sont alors reliés ensemble à la distance convenable, par quatre pièces verticales en bois, ou jambes, lesquelles sont entaillées et boulonnées sur les deux bâtis. Deux autres traverses en bois sont aussi nécessaires pour le bâti de tête, afin de recevoir les boulons qui maintiennent la machine en dessous.

Ces pièces doivent être placées parallèlement à la chambre à broyer, et non transversalement, parce que, dans ce dernier cas, elles bloqueraient la décharge de la machine. Le bâti de tête doit être recouvert d'un plancher posé à plat et régulièrement, les joints à angles droits sur les traverses et assemblés à rainures de manière à ne pas laisser passer la poussière. Ce plancher doit être solidement cloué au bâti de tête, et il faut y pratiquer un trou entre les deux traverses pour que les matériaux broyés par le désagrégateur puisse se décharger dans la chambre au-dessous. Cette ouverture doit être un peu plus grande que le trou dans le plancher ; il est bon de mettre la machine en place et de marquer les dimensions de l'ouverture, ainsi que l'emplacement des trous des boulons.

Le plancher en dessous du support, ainsi que les quatre faces latérales, doivent être garnis de planches jointives assemblées à rainure et languette, le tout étant ainsi parfaitement garanti contre la poussière.

Afin de pouvoir pénétrer dans l'intérieur du support pour nettoyer ou pour retirer les matériaux broyés, la machine étant arrêtée, il faut pratiquer une entrée dans une des cloisons latérales. Cette ouverture doit être fermée par une porte, et les fentes ne doivent pas laisser passer la poussière, on y arrive au moyen d'une bande de flanelle ou de caoutchouc clouée tout autour de l'ouverture, de manière à former bourrelet.

La porte est maintenue bien fermée au moyen de quatre vis à pression avec écrous qui serrent chacune une fermeture spéciale (fig. 25).

Ces fermetures portent sur le côté un tasseau qui serre la porte ; lorsque la fermeture est relâchée, le tasseau peut être ramené en arrière de la porte, sans avoir à enlever l'écrou de pression.

Si les matériaux broyés doivent être retirés de dessous pendant qu'elle est en marche, il faut pratiquer une autre ouverture, mais plus petite, dans l'une des cloisons latérales du support, de préférence dans l'une des cloisons à angle droit avec l'alimentation.

Fig. 25. — Broyeur Carter.

Cette ouverture doit être fermée par une trappe glissant entre des rainures, et pouvant se mouvoir du bas en haut et de haut en bas, sans laisser passer la poussière. Le bas de cette ouverture doit être de niveau avec le plancher intérieur du support, de manière à ce que les matériaux puissent être facilement retirés à la pelle ou au râcloir. Afin de pouvoir retirer les matériaux de l'intérieur du support sans occasionner de poussière, et pendant que le désagrégateur est encore en marche, il faut laisser accumuler en dedans du support assez de matériaux broyés pour couvrir l'ouverture à rainures. On soulève alors légèrement la trappe pour permettre aux matériaux de sortir ou d'être retirés à la pelle ou au râcloir.

Cette opération doit être faite avec soin, et on ne doit pas retirer trop à la fois, parce que si le niveau des matériaux vient à tomber plus bas que l'ouverture à rainures, il s'échappera immédiatement de la poussière. Lorsqu'on craint que cela arrive, il faut fermer la trappe et la laisser ainsi jusqu'à ce que les matériaux se soient suffisamment accumulés à l'intérieur pour couvrir de nouveau l'ouverture à rainures. Toutefois, il faut veiller à ce que l'intérieur du support ne se remplisse pas trop, ce qui empêcherait les matériaux de se décharger du désagrégateur et pourrait causer un engorgement.

Il est de la plus grande importance, pour la bonne marche des machines, de laisser beaucoup d'espace en dessous. Les supports ou les trémies doivent donc toujours être construits aussi profonds que possible, de manière à ménager assez de place pour l'air qui y arrive de la rotation des batteurs. En aucun cas, on ne doit fixer une machine sans laisser à cet air une issue suffisante. Pour se débarrasser de l'air et de la poussière, il serait bon d'avoir une communication conduisant de la tête du support à une chambre à poussière.

Cette chambre peut être une pièce ordinaire, ou bien un grand compartiment en forme de caisse ; dans ce cas l'air se dilate tout simplement et la poussière qui se dépose peut être balayée. Si on est à court d'espace, la chambre à poussière sera une légère construction en charpente couverte d'une étoffe de flanelle poreuse. L'air pourra ainsi s'échapper et la poussière restera. Une sorte de ballon à poussière en flanelle poreuse peut aussi faire un excellent receptacle à poussière ; il est d'un emploi très efficace, se nettoie facilement et peut être fixé à peu près partout. Les receptacles à poussières doivent être aussi rapprochés que possible de l'issue qui y conduit, et le canal ne doit faire ni courbes ni plis. Le mieux sera de fixer ce dernier en pente, afin que la poussière qui s'y ramasse puisse tomber dans le support et n'arrive pas à l'obstruer.

En fixant la machine par le support, il faut l'asseoir avec soin et examiner si la base porte partout ; si elle était plus haute d'un côté que de l'autre, la courroie de transmission (quand on l'arrêterait) pourrait déranger la machine et attirer les coussinets en dehors de leur ligne.

Après avoir serré les boulons, il faut tourner l'axe à la main pour voir s'il marche bien à l'aise, et si ce n'est pas le cas, il faudrait desserrer les boulons et caler la partie qui est en contrebas. La machine doit être bien du niveau et parallèle à l'arbre moteur.

Lorsque les matériaux à broyer sont emmagasinés ou amenés sur le même plancher que celui sur lequel la machine est fixée, il est utile d'employer une table d'alimentation d'un plateau à rebords boulonnés d'un côté sur le capuchon d'alimentation de la machine et supporté à l'autre extrémité par des pieds. La table doit être aussi grande que possible, de manière à pouvoir contenir une bonne quantité de matériaux, mais pas trop longue cependant, pour que l'homme chargé de l'alimentation puisse facilement atteindre l'extrémité. Cet homme se tient sur un côté de la trémie et pousse les matériaux dans l'ouverture d'alimentation de la machine, soit avec la main, soit avec un bâton. On doit prendre grand soin que les matériaux soient fournis à la machine aussi régulièrement que possible. L'alimentation doit être continue et non intermittente, et il faut la surveiller attentivement pour les matériaux anormaux comme le fer.

Toutefois, avant que l'on commence à alimenter, il faut que la machine ait atteint sa pleine vitesse, ce que l'on reconnaît facilement au bourdonnement des batteurs. Le taux de l'alimentation peut être facilement réglé à l'aide de ce bourdonnement. Si l'alimentation est trop forte à un moment donné, il faut laisser marcher la machine sans l'alimenter, jusqu'à ce qu'elle ait recouvré sa vitesse normale. S'il sort de la poussière au centre de la machine, cela indique généralement que l'alimentation est trop rapide, que les matériaux engorgent les cribles. Lorsqu'on suspend l'alimentation, il faut placer un morceau de bois ou une feuille de tôle en travers l'ouverture d'alimentation, afin qu'il ne puisse pas s'introduire de matériaux étrangers pendant que la machine est au repos.

Si les matériaux à broyer sont en morceaux ne dépassant pas 25 centimètres cubes, l'alimentation automatique est recommandable, parce que les matériaux sont fournis ainsi au désagrégateur plus régulièrement qu'à la main, et, étant donnée cette régularité d'alimentation, la machine est moins sujette à s'engorger.

L'échantillon broyé est aussi plus régulier, et le débit de la machine se trouve augmenté ; en outre, on peut se dispenser de l'attention constante d'un homme. L'alimentateur automatique peut être facilement fixé et conduit ; il est simplement boulonné sur le côté du désagrégateur, et sur la même face que le capuchon d'alimentation.

On construit trois espèces d'alimentateurs, savoir :

L'alimentateur à filet, pour les matériaux en poudre.

L'alimentateur à doigt employé quand les matériaux sont en morceaux.

L'alimentateur à doigt détaché, pour les grands modèles de désagrégateurs, employé pour régulariser l'alimentation par silos et déchargeant directement dans le désagrégateur par un canal, ou délivrant à un ruban porteur, ou à un séparateur magnétique, et de là dans le désagrégateur.

L'alimentateur à filet est réglé par une poulie à trois étages, et la vitesse doit être de 55 révolutions lorsque la courroie de transmission est sur la poulie du milieu.

L'alimentateur à doigt est réglé par le nombre de doigts placés sur l'axe montant et par la glissoire en arrière des doigts. Cet alimentateur doit marcher à environ 100 révolutions par minute. Une courroie de transmission d'environ 4 centimètres est nécessaire pour les n°s 1 1/2 et 2 1/2 (1). Pour le n° 3 1/2, la couronne doit être de 5 centimètres, et l'alimentateur à doigt détaché nécessite une courroie de 7 centimètres 1/2.

Il ne faut pas employer de cribles plus fins qu'il n'est nécessaire pour produire l'échantillon requis, parce que cela diminuerait le débit et nécessiterait une force motrice plus considérable. En broyant certains matériaux, et afin d'augmenter le débit, on peut employer dans la machine deux cribles à mailles de dimensions différentes.

Le crible le plus fin doit être placé du côté de l'alimentation de la machine. Avant de mettre les cribles en place, il faut nettoyer sérieusement l'intérieur de la machine, pour que rien ne puisse rester entre le crible et son support.

(1) Consulter l'album de la maison J. Harrisson-Carter, à Dunstable (Angleterre).

Pour mettre les cribles en position, on doit d'abord placer le bas et l'appuyer sur la base de la forme à crible.

Le crible doit alors être repoussé sur son support et maintenu ainsi jusqu'à ce que la vis de pression et la barre transversale aient été mises en place et serrées. Le bout du crible qui a été fixé se trouve en haut.

Lorsqu'on a broyé très fin et qu'il est important qu'aucun gravier n'apparaisse dans le produit, les cribles doivent être garnis ; pour cela on met une couche de mastic ou un morceau de corde le long de la partie du crible qui repose sur le revêtement intérieur de la machine, de manière à rendre la jointure parfaite. Après avoir mis les cribles en place, il faut examiner avec soin s'ils reposent bien sur leurs supports. Lorsqu'on se sert des portes spéciales de fond, il faut les retirer pour arriver aux cribles. Pour mettre en place la traverse à vis qui sert à ajuster le crible, on doit dévisser l'écrou et placer la barre de côté dans la trace. Lorsque la barre arrive à la partie qui va en s'éloignant, on la retourne de manière à la faire appuyer contre l'épaulement, et ensuite on serre l'écrou contre le crible. Les coussinets sont à graissage automatique : l'huile est pompée par le collet qui se trouve à chaque extrémité de l'axe ; elle coule alors sur la tête du coussinet et retourne au réservoir à huile par le canal placé sous le fond du coussinet.

L'huile doit être versée dans le réservoir jusqu'à ce qu'elle se trouve de niveau avec le dessous de l'axe, ce qui lui fait juste couvrir le dessous du couvercle.

Les coussinets doivent être visités deux ou trois fois par jour ; il faut enlever entièrement la vieille huile et la remplacer par de la nouvelle tous les deux jours. On ne doit pas employer d'huile épaisse ou gommeuse, qui boucherait les canaux.

A l'occasion, on enlèvera les couvercles des coussinets et on examinera si les passages à huile sont libres. Il ne faut pas laisser les coussinets s'user trop, parce que cela ferait claquer la machine, surtout si l'effort de la courroie de transmission vient d'en haut. L'extérieur du coussinet est ajusté pour s'adapter à son support, et on ne doit jamais introduire de garniture entre les deux, de crainte d'échauffement possible.

On laisse un peu de jeu au bout de l'axe, mais, au bout d'un certain temps, la machine a besoin d'être ajustée à nouveau, soit par suite de l'usure de l'extrémité du coussinet, soit en conséquence dans l'emploi des coussinets neufs. Cette opération se fait en retirant ou ajoutant des rondelles en dedans du couvercle des extrémités de l'axe. En ajustant ainsi, il faut avoir soin de tenir compte que les batteurs pourraient heurter contre le côté de la machine.

Il ne faut pas non plus laisser les batteurs s'user par trop, ce qui affecterait considérablement la force de broiement de la ma-machine.

Lorsque les batteurs sont usés, on doit les remplacer avec le jeu de rechange, et les envoyer pour être regarnis et trempés.

Lorsqu'on fait réparer les vieux batteurs, il est important qu'ils soient refaits exactement de la même épaisseur, de la même longueur et du même poids, ce qui en rend le balancement beaucoup plus facile. Les vieux batteurs ne doivent pas être regarnis trop souvent, parce que le fer devient rude et peut, en cassant, occasionner un accident.

Lorsqu'on change les batteries, il est indispensable de les remettre bien en place; les coins qui maintiennent les batteurs ne doivent pas être enfoncés, mais seulement poussés; les batteurs peuvent avoir un peu de jeu latéral; quand ils sont en place, il faut les balancer avec soin, en même temps que le disque et l'axe. Cela se fait en plaçant deux bandes parallèles de fer sur des tasseaux, et les mettant bien de niveau, de manière à ce que chaque extrémité de l'axe repose sur une des barres, le disque se trouvant entre les deux. En tournant maintenant le disque à la main, s'il n'est pas balancé, la partie la plus lourde s'arrêtera toujours en bas. Il faut alors limer ou ciseler derrière l'extrémité du batteur du côté le plus lourd, jusqu'à ce que, en tournant le disque, il n'ait plus tendance à s'arrêter à un endroit déterminé. Les barres à balancer doivent aussi être parfaitement parallèles entre elles. Si on n'a pas de barres, on balancera sur le logement des coussinets, après les avoir retirés. Comme il est improbable que la vitesse de la machine motrice soit suffisante pour donner directement au désagrégateur la vitesse nécessaire, on doit employer un contre-arbre; celui-ci est très utile lorsque le moteur fait marcher d'autres machines, attendu qu'on peut mettre une poulie fixe et une folle et arrêter le désagrégateur en laissant marcher la machine motrice.

Le contre-arbre peut être fixé dans toute position convenable. L'arbre ne doit pas être trop petit et les coussinets doivent être longs et solides.

Autant que possible, le désagrégateur ne doit jamais être actionné par une courroie verticale. Les centres de la machine motrice et de la courroie peuvent être séparés par une distance variant entre 3 m. et 6 m., suivant les numéros.

La poulie du contre-arbre qui met en mouvement le désagrégateur doit être exactement balancée, afin qu'elle n'occasionne pas d'oscillations.

Il est très important que la courroie motrice soit excessivement douce et flexible, de manière à ne pas glisser sur la petite poulie; à ce point de vue, les courroies en cuir vert sont excellentes. L'attache de la courroie doit être très soignée; elle ne doit pas être enveloppée, mais jointe à plat et lacée.

La vitesse du contre-arbre ne peut pas être indiquée parce qu'elle est réglée par la vitesse de la machine motrice et les dimensions des poulies employées. Toutefois, le mieux est de la faire marcher à 300 révolutions, ce qui donnera une bonne vitesse à la poulie motrice; quand on choisit le modèle de poulie à employer, il faut pour les nᵒˢ 1 1/2 et 2 1/2 compter comme si le désagrégateur faisait environ 200 révolutions de plus que la vitesse indiquée sur le catalogue de la maison Carter, et environ 100 de plus pour les nᵒˢ 3 1/2 et 4 1/2.

Les courroies de transmission doivent être maintenues douces et enduites d'huile de ricin. Comme chaque courroie s'étend plus ou moins lorsqu'elle est employée pour la première fois, il est préférable de faire marcher la machine à vide pendant un certain temps.

La maison J. Harrisson Carter, à Dunstable (Angleterre), seule, construit le désagrégateur Carter.

Nota. — Il y a encore d'autres broyeurs en usage dans l'industrie du phosphate. Les principaux sont :

Broyeur Bourdais.

Vitesse du tambour. .	**20** tours par minute.
Vitesse des barreaux .	**500** —
Rendement	**4** tonnes à l'heure.

Broyeur Jamart.

Vitesse	**300** tours à la minute.
Poids	**2.400** kilogr.
Rendement	**2** tonnes à l'heure.

Moulin Sturtevant.

Cyclone pulvérisateur.

Diamètre des hélices . .	**0** m. **300**
Poids d'une hélice . .	**8** kg. **500**
Poids d'une plaque de rechange	**1** kg. **300**
Force motrice	**10** chevaux
Rendement en **12** heures	**12** tonnes
Vitesse des ailettes . .	**1.500** tours par minute.
Vitesse du ventilateur aspirant	**1.500** —

Broyeur Ruelle. — Il est excessivement puissant et on l'emploie principalement pour le travail des craies phosphatées. Il est composé de trois bras présentant des évidements et tournant dans un même plan. Cet appareil, tout en débitant beaucoup, ne demande que peu de force ; nous l'avons vu fonctionner dans les usines de M. Delmotte, à Doullens, et il est également installé à Templeux-le-Guérard.

Ce broyeur est construit dans les établissements de MM. Ruelle et Cⁱᵉ, à Blanc-Misseron (Nord).

Broyeurs pour laboratoires. — Dans l'avant-propos de cet ouvrage, nous avons parlé de la *marge d'enrichissement* et des opéra-

Fig. 26. — Broyeur Ruelle.

tions qu'il convient de faire pour la déterminer ; nous avons vu qu'il est indispensable de dégager les grains de phosphate de la gangue crayeuse ; on y parvient parfaitement à l'aide des deux broyeurs suivants, construits par la maison Beyer frères, rue de Lorraine, Paris.

Nouvelle pilerie. — Cette machine, de construction récente, est monté sur banc de chêne en bois debout. Le mouvement ascensionnel est obtenu par l'action de deux cames fondues en sens opposé sur un plateau circulaire mis en mouvement de rotation par l'arbre de commande portant les poulies fixe et folle, mais pouvant également marcher à bras d'homme. En outre de leur mouvement ascensionnel, les pilons à trépans tournants en acier sont animés d'un mouvement de rotation sur leur axe par l'effet des cames agissant sur leurs chapeaux circulaires fixés en haut des tiges ; ils retombent donc dans tous les sens dans le mortier et produisent ainsi un travail très énergique sans échauffer la matière traitée.

Petit pulvérisateur, mélangeur-malaxeur. — La meule et la cuvette sont en fonte. La meule tourne dans une cuvette et est suivie dans son mouvement par un râteau rotatif qui détache la matière qui vient d'être écrasée ; des râclettes tournant avec la meule rejettent sur le devant de celle-ci les produits ramassés sur les bords.

La meule reçoit le mouvement d'un axe vertical passant au centre de la cuvette et qui est actionné lui-même au moyen de roues d'angle par l'arbre de commande portant le volant à manivelle ou des poulies fixe et folle pour fonctionner au moteur.

Séchage. — L'opération du séchage, suivant les produits à travailler et le mode d'enrichissement, peut se faire entre le concassage et le broyage ou après l'enrichissement.

Dans l'industrie du phosphate, les séchoirs les plus communément employés sont sans contredit le four à étages, le four à réverbère, le sécheur Ruelle, le sécheur à plaques et le séchoir Cummer. En outre de ces quatre systèmes, il convient également de citer le séchage au bois, le four Thomas et Tixhon, le four à chicanes, le séchoir à tubes, etc. Nous ne décrirons que le séchoir Cummer, le four à étages, le four à réverbère, le séchoir Ruelle et le séchoir à plaques.

Séchoir Cummer. — Ce séchoir est éminemment propre au travail des phosphates, et il est très employé pour plusieurs motifs : Il sèche à n'importe quelle température ; le travail, une fois commencé, se continue d'une façon automatique : il offre une grande économie de combustible et c'est ainsi qu'un appareil grand modèle peut sécher 500 tonnes de phosphates par jour, tout en ne consommant guère que 5 tonnes de combustible. Grâce aux manipulations qui se font automatiquement, le travail est très uniforme. On peut construire le séchoir Cummer de différentes manières, mais généralement la disposition des organes est telle que la matière à sécher est introduite dans la trémie d'où elle passe dans un cylindre tournant ; c'est dans cette partie de la machine qu'a lieu l'opération du séchage ; pour cela le cylindre est mis en communication avec un four dans lequel on peut brûler suivant les cas, du bois, de la houille, du coke, autrement dit le combustible le plus avantageux dans la contrée. Afin d'obtenir une combustion complète, un courant d'air est constamment amené au foyer. On a soin

d'élever la température dès le début de l'opération afin de se débarrasser vivement de l'humidité, puis les produits parcourent le
cylindre et sortent par l'extrémité opposée au fourneau ; quelques
minutes suffisent pour que l'opération soit terminée. Chaque kilo-
gramme de combustible vaporise de 10 à 15 kilogrammes de l'humidité des phosphates. Pour les grandes installations on peut dis-
poser plusieurs fours Cummer en batteries (fig. 27).

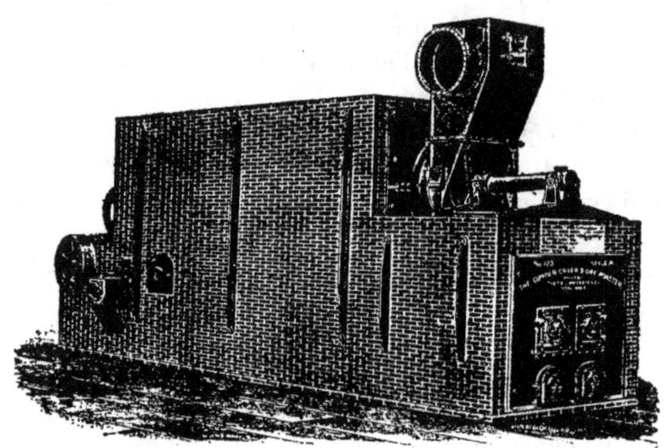

Fig. 27. — Séchoir Cummer.

Ce four est construit par MM. Charles Erith et Cie, Heating,
Ventilaking and Drying engineers, Head office 70, Gracechurch
Street, E. C. London.

Fours à étages. — Ce four se compose d'un foyer F et d'un certain nombre de séparations S en maçonnerie, sur lesquelles les
produits sont amenés pour être séchés (fig. 28). Ces produits tombent d'abord sur la première séparation et sont versés, à cet effet,
par les ouvertures O ; puis, à l'aide de ràclettes en fer, on les fait
passer successivement d'un étage supérieur sur l'étage immédiatement inférieur. Les ràclettes sont introduites par les regards *r*. De
cette façon, les matières à sécher sont constamment dirigées en
sens contraire des flammes et gaz chauds, et parviennent complètement sèches au dernier étage d'où on les retire par une ouverture

latérale. Les surfaces séchées par les flammes sont construites en briques réfractaires.

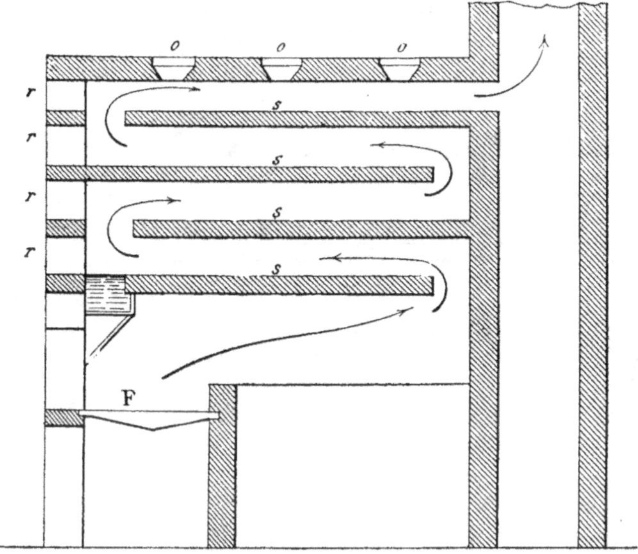

Fig. 28. — Four à étages.

Dimensions

Ecartement de *ss.* 0,50
Largeur de *s.* 2
Longueur de *s.* 2.65
Débit 1 tonne à l'heure.

La maison Toisoul, Fradet et Cie, 111, boulevard de l'Hôpital à Paris, construit des fours à étages pour le séchage des phosphates. Ces fours permettent de faire une grande économie sur la main-d'œuvre, et la dépense de combustible, si nous les comparons aux séchoirs à plaques, que l'on dispose généralement au niveau du sol.

Four à réverbère. — Il faut y distinguer un foyer F et une sole S. Sur une paroi latérale sont pratiquées des ouvertures O destinées au déchargement de la sole.

Les ouvertures de chargement sont faites en S dans la voûte et les gaz chauds après avoir circulé sur toute la longueur de la sole, sont éliminés par la cheminée H. Par les regards O, on introduit également des raclettes en fer afin de ramener les produits déposés sur la sole fig. 29).

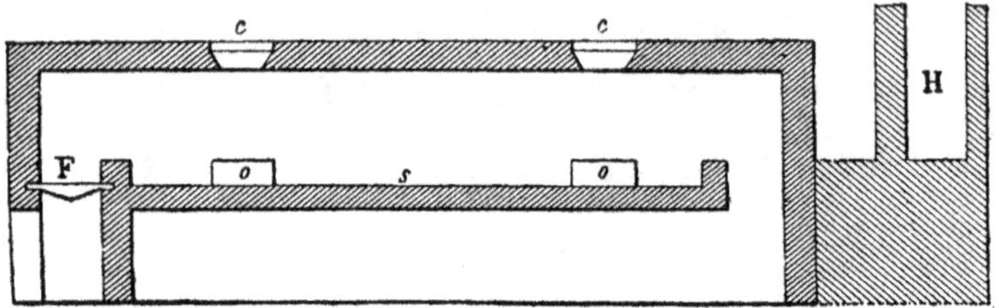

Fig. 29. — Four à réverbère.

Les parties soumises au contact direct des flammes sont construites en briques réfractaires.

Dimensions

Longueur de la sole.	7 m.
Largeur de la sole.	2 m. 50
Longueur du foyer.	0 m. 75
Largeur du foyer	0 m. 55
Distance de la voûte à la sole.	
— — au centre.	0 m. 68
— — aux côtés	0 m. 56

Débit près d'une tonne à l'heure.

Pour les fours à étages, à plaques, à réverbère, à chicanes, etc., nous recommandons d'une façon toute spéciale, les grilles à pyramides et à créneaux, bien connues de l'ingénieur J. Wagner, 29, rue du Château-d'Eau à Paris.

Séchoir Ruelle. — C'est un séchoir métallique ; il fonctionne mécaniquement et d'une façon continue. Pour obtenir un séchage parfait, il faut brûler environ de 3 à 5 kilos de charbon pour 100 kilos de produits séchés et deux hommes suffisent pour la conduite de ce séchoir : un chargeur et un chauffeur. On peut contrôler facilement le travail. Les silex sont évacués par deux vannes et on les dirige dans un emplacement où le triage n'offre aucune difficulté. Ce triage nécessite de deux à trois heures par jour. Quand le séchoir Ruelle est chargé, il faut une demi-heure pour la sortie des matières, aussi peut-on, sans inconvénient, passer en très peu de temps d'un produit à un autre. Les phosphates cheminent à la rencontre des gaz et de l'air chaud ; ils atteignent à la fin de leurs parcours, dans le cylindre intérieur, une température élevée, puis ils passent dans le cylindre extérieur où la température augmente encore ;

Fig. 30. — Séchoir Ruelle.

enfin, à la sortie de l'appareil, leur température est de **40°** ; les poussières sont alors recueillies dans une chambre dite pour cela chambre aux poussières et qui peut cuber de **10** à **20** mètres. Après complet refroidissement, ces poussières sont ensachées pour être vendues comme produits de titre inférieur. Le séchoir proprement dit est composé de deux cylindres (fig. **30**) emboîtés l'un dans l'autre et sillonnés, dans toute leur longueur par quatre hélices allant, par cylindre, en sens inverse ; par conséquent, un seul mouvement de rotation fait suivre aux matières deux parcours en directions opposées. Des engrenages communiquent le mouvement et l'ensemble des cylindres tourne sur des galets. D'un côté de l'appareil se trouve le foyer et de l'autre, le récepteur suivi de la chambre à poussière.

Données

Séchoirs à plaques. — Les séchoirs à plaques sont tous basés sur le même principe, mais la disposition et le nombre de carneaux peuvent varier dans chaque usine.

Ils sont essentiellement composés de :

$$a) \begin{cases} \text{Foyers} \\ \text{Carneaux} \\ \text{Cheminées} \end{cases}$$

b) — Plaques de fonte.

Dans les foyers on brûle de la houille et il faut environ **100 kg.** de combustible par tonne de matière séchée.

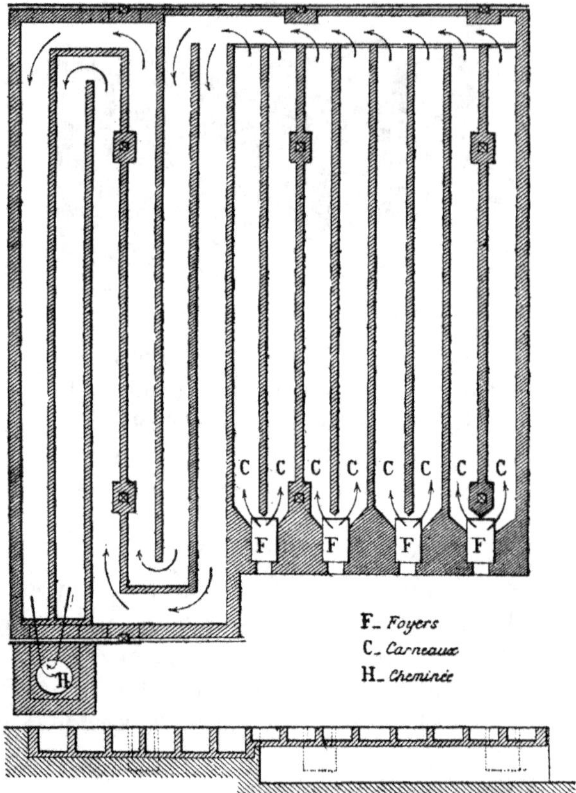

Fig. 31. — Séchoir à plaques.

Les carneaux communiquent tous avec une conduite transversale qui aboutit à la cheminée et celle-ci est ordinairement en tôle. Pour donner une idée de la marche des opérations, nous supposerons que les carneaux, conduites, etc., occupent une surface totale de 250 mètres et que la couche de matières à sécher ne dépasse pas 0 m. 12 d'épaisseur (fig. 31).

Il faudra laisser :

6 heures sur la surface recouvrant les carneaux en communication directe avec les foyers ;

3 heures sur les carneaux formant le premier retour de flammes ;

12 heures sur les carneaux formant le deuxième retour de flammes.

Dès le commencement de l'opération, la salle du séchoir se remplit bientôt de fumées de vapeur d'eau et le phosphate blanchit rapidement. Un mètre cube de phosphate qui pesait 1.250 kg. au chantier, ne pèse plus que 1.000 kg. après dessication. C'est sur la sole du séchoir que se fait l'élimination des silex. Les ouvriers ont aux pieds de forts sabots de bois, car ils ne peuvent se servir de chaussures en cuir qui brûleraient rapidement. Des briques réfractaires garnissent les parties les plus directement en contact avec les flammes.

Données

Épaisseur moyenne des plaques en fonte. . . .	0 m. 02
Largeur des carneaux près du foyer.	0 m. 80
Hauteur des carneaux près du foyer	1 m. 15
Largeur des carneaux à l'extrémité.	0 m. 25
Hauteur des carneaux à l'extrémité.	0 m. 50
Longueur des carneaux	20 m.
Longueur des plaques	1 m.
Largeur des plaques.	0 m. 60

Comme nous l'avons vu plus haut, parmi les autres modes de séchage, il ne faut pas oublier :

Séchage au bois. — Employé parfois en Amérique. C'est simplement un amas de bûches et de minerai. On dispose les bûches et le phosphate en lits qu'on fait alterner, puis on met le feu. Les bûches n'ont guère que 1 m. de longueur.

Four Thonnar et Tixhon. — C'est un séchoir à cylindres mobiles et à flammes directes.

Séchoir à chicanes. — Comme tous les appareils du même genre, il se compose d'une colonne à section quelconque et dans laquelle sont disposées des dalles ayant une certaine inclinaison.

Séchoir à tubes. — Ils comprennent un foyer et une série de tubes. Les gaz chauds passent dans les tubes.

Tous les fours que nous venons d'étudier, fours à étages, à réverbère, etc., etc., sont supérieurement construits par la maison Morand et Billaud, 51, rue de Lyon, à Paris ; cette maison est, du reste, bien connue pour ses installations d'usines, de cheminées en briques, fourneaux de générateurs, etc. Ils sont également construits d'une façon très remarquable par la maison Nicon et Demarigny, boulevard de la Gare, 62, à Paris.

Ensachage

L'ensachage est la dernière opération. Il se fait au moyen d'appareils connus sous le nom d'ensacheurs. Il y en a de deux sortes, l'ensacheur automatique et l'ensacheur ordinaire. Dans le premier, le travail est entièrement automatique ; dans le second, le sac, une fois rempli, doit être retiré à la main.

Avant de lier et de plomber les sacs, on prélève des échantillons en double et en triple ; une poignée de matières est retirée tous les cinq sacs. On mélange les différentes prises d'essais et on les introduit dans des flacons secs parfaitement bouchés. Il arrive parfois qu'on remplace ces flacons par de petits sacs à échantillons.

Quand les livraisons ne sont pas immédiates, on a grand soin d'éviter l'humidité dans les magasins où sont déposés les sacs par piles. Les salles de dépôt sont spacieuses et bien aérées ; on y maintient une température douce et sèche. Les couloirs laissés entre les piles représentent en chiffres ronds, le quart de la surface occupée par les sacs. Il est tenu un livre de magasin indiquant les dosages correspondant aux numéros de fabrication.

La maison Amelin et Renaud, 37, rue J.-J. Rousseau, à Paris, fournit la plupart des ensachoirs employés dans les industries minérales.

ENRICHISSEMENT DES PHOSPHATES

Avant d'aborder la pratique, passons rapidement en revue la théorie. Il y a quatre cas à considérer, dont trois principaux. Dans les trois premiers, que nous dénommerons essentiels, le corps tombe et rencontre un liquide classeur ; dans le dernier, le corps est en repos et on fait arriver sur lui, en lame mince, un liquide classeur. Dans l'enrichissement par voie sèche, les relations restent les mêmes, il n'y a que le milieu ambiant qui change. L'air remplace l'eau (1).

Premier cas. — Le liquide classeur est en repos.

A grosseur égale, les parties les plus denses auront des vitesses de chute plus grandes et la direction suivie sera la verticale. Soit un grain M de phosphate de forme cubique.

c = côté du cube M.

d = densité du cube M.

d' = densité du liquide.

g = accélération de vitesse = 9 m. 8088.

x = accélération de vitesse de chute à un moment donné.

k = constante.

Nous pouvons représenter le *poids* du cube M par :

$$kdc^3$$

La *masse* du cube M par

$$\frac{kdc^3}{g}$$

(1) Voir *Etude complète sur les phosphates*, par A. Deckers. Imprimerie liégeoise H. Poncelet, éditeur rue des Clarisses, 40, Liège, et E. Ramlot, éditeur rue Grétry, 17 et 10, rue Cantersteen, Bruxelles.

Et la *force* produisant l'accélération par :

$$\frac{kdc^3}{g}\, x$$

Mais cette force, comme résultante, n'est autre que le poids de M dans le liquide, moins la résistance du liquide F. Dans ces conditions, le poids de M dans le liquide est de :

$$k\,(d - d')\,c^3$$

et nous pouvons écrire :

$$\frac{kdc^3}{g}\, x = k\,(d - d')c^3 - F$$

Nous pouvons remplacer F par sa valeur et pour cela nous tiendrons compte de ce que cette résistance est proportionnelle :

1° à la la densité du liquide d' ;

2° au carré de la vitesse du corps ;

3° à la plus grande section du corps perpendiculairement à la direction du mouvement.

Et en posant $c =$ constante

$v =$ vitesse limitée correspondant à une accélération.

Nous aurons pour F la valeur suivante :

$$F = Cd'c^2v^2$$

et en reportant cette valeur dans la formule précédente, nous obtiendrons l'égalité :

$$\frac{kdc^3}{g}\, x = k\,(d - d')c^3 - Cd'c^2v^2$$

d'où l'on tire :

$$v = \pm\, \sqrt{\frac{kc}{Cd'}\left[d - d' - \frac{dx}{g}\right]}$$

En effet :

$$\frac{kdc^3}{g}\, x = k\,(d - d')\,c^3 - Cd'c^2v^2$$

d'où :

$$\frac{kdc}{g}\, x = k\,(d - d')\,c - Cd'v^2$$

$$cd'v^2 = k\,(d - d')\,c - \frac{kdc}{g}\, x$$

$$= kc\left[d - d' - \frac{dx}{g}\right]$$

d'où enfin :

$$r = \pm \sqrt{\frac{kc}{Cd'}\left[d - d' - \frac{d.v}{g}\right]}$$

Deuxième cas. — Liquide soumis à un courant horizontal de vitesse constante. A grosseur égale les parties les plus denses auront des vitesses de chute plus grandes.

La direction suivie sera la parabole.

Soit un grain M de phosphate de forme cubique.

    c = côté du cube M.

    d = densité du cube M.

    d' = densité du liquide.

    v = vitesse constante du liquide.

    r' = vitesse absolue du grain dans le liquide.

    C = constante.

Ici le mouvement du grain est considéré comme résultant de la combinaison d'une chute verticale avec un entraînement horizontal.

La formule

$$Cd'c^2v^2$$

deviendra pour ce mouvement :

$$Cd'c^2(v - v')^2$$

donc en faisant abstraction de la densité, la vitesse maximum sera celle du liquide, mais grâce à leurs poids respectifs, les corps se déposent en décrivant des courbes paraboliques et en désignant par t la distance à laquelle s'arrêteront les grains, ou aura la formule :

$$t = \frac{pv}{2.44\sqrt{T(d' - 1)}}$$

dans laquelle

    p = profondeur de la conduite.

    v = vitesse milieu ambiant.

    T = diamètre des trous des tamis classant les grains.

Et comme dans le cas précédent, en faissant passer des grains de mêmes dimensions mais de densités différentes, on aura une séparation.

Troisième cas. — Liquide soumis à un courant ascendant et de vitesse constante. A grosseur égale les parties les plus denses auront des vitesses de chute plus grandes.

La direction suivie sera la verticale.

Soit un grain M de phosphate, de forme cubique et c un côté de ce cube.

Dans le second cas, nous avons eu pour la force d'entrainement du liquide, la formule :

$$Cd'c^2 (v - v')^2$$

or la vitesse v' a une valeur absolue et pour obtenir une vitesse relative du grain M nous devrons poser :

$$v' \times v$$

Alors, si nous supposons le liquide au repos, nous aurons entre le poids de M et la résistance du liquide, la relation suivante :

$$k (d - d') c^3 = Cd'c^2 (v' - v)^2$$

si $v' > v$ le corps monte ;

si $v' = v$ le corps reste stationnaire ;

si $v' < v$ le corps descend ;

d'où on peut conclure que dans ce cas, la vitesse de chute est égale à celle qu'aurait le corps M en tombant dans un liquide en repos (premier cas) diminuée de la vitesse du liquide ; d'où découlent les trois valeurs de ce que nous venons de poser :

$$v \text{ positif ;}$$
$$v \text{ nul;}$$
$$v \text{ négatif.}$$

Quatrième cas. — Le corps est en repos et on fait arriver sur lui, en lame mince, le liquide classeur.

Dans ce cas, le travail est beaucoup plus compliqué, le frottement et la forme des grains jouent un grand rôle.

Si le liquide classeur n'arrive pas en lame mince, on tombe dans le second cas.

CHAPITRE II

VOIE HUMIDE

Dans l'enrichissement par voie humide, nous avons à étudier d'abord les appareils de *trituration*, puis ceux qui ont pour but la *séparation* des éléments. Entre les deux nous aurons à décrire les débourbeurs-classeurs qui *triturent et classent* le tout à la fois.

Nous diviserons donc cette étude comme il suit :

Trituration.

Lavoirs à bras.

Lavoir mécanique, vis d'Archimède excentrée, débourbeur.

Trituration et séparation.

Trommel débourbeur et classeur.

Séparation.

Il faut distinguer la séparation par volume et la séparation par densité.

Séparation par volume.

Trommel classeur.

Table à secousses.

Séparation par densité.

Spitzkasten (classeur conique).

Crible Castelnau.

Décanteur Picard.

Table ronde (système Linkenbach).

Enrichisseur de fines (système Castelnau).

Laveur Ruelle.

Trituration.

Lavoirs à bras. — La construction de ces lavoirs varie suivant qu'on dispose de plus ou moins d'eau.

C'est ainsi qu'on connaît :

a) Les lavoirs du Boulonnais (peu d'eau).

b) Les lavoirs des Ardennes (beaucoup d'eau).

a) Lavoirs du Boulonnais. — Avant d'être placés dans l'appareil, les nodules sont grossièrement nettoyés à sec ; on les dégage, le plus possible, de leur gangue argileuse.

Le lavoir se compose d'un caisson à section trapézoïdale (fig. **32**). Le fond et le côté sur lesquels tombent les nodules sont formés de plaques de fonte jointives, et l'autre paroi est en planches ordinaires.

Les ouvriers sont placés du côté de la paroi métallique, et ils circulent sur un plancher servant à la manipulation des nodules. Il faut nettoyer complètement les nodules et les séparer de l'argile qui n'a pu être retirée à sec. Pour cela on fait arriver de l'eau, généralement au moyen d'une pompe, et elle est déversée par l'une des extrémités du caisson, pour s'échapper ensuite par l'autre. Comme il n'y a presque pas d'eau, il est très rare qu'on puisse laver à l'eau courante, on opère par *éclusées,* c'est-à-dire qu'après avoir fait arriver assez d'eau, on laisse tremper les nodules pendant deux heures, et, pendant ce temps, on remue la masse à l'aide de crocs à trois dents ; de cette façon les nodules sont complètement nettoyés et la gangue se sépare sous forme de boue plus ou moins épaisse. On fait partir l'eau sale en levant une petite vanne située dans la paroi verticale d'aval, puis on remplace par de l'eau propre et on renouvelle la même opération jusqu'à ce que les nodules soient jugés suffisamment propres. Dans ce travail, les ouvriers sont généralement au nombre de quatre, et on leur adjoint un aide ; ils déversent les nodules, arrivant de la mine, contre la paroi en fonte, mais ils laissent, du côté d'amont, un certain vide de façon à ne pas contrarier l'arrivée de l'eau. C'est alors qu'ils emploient les rofles, comme nous l'avons expliqué plus haut. Quand il

faut absolument avoir recours au trempage, on s'arrange de façon
à changer les lavoirs, le soir, avant de quitter les chantiers. Voici
comment **M.** Olry décrit le jeu des rofles (1) : « Les ouvriers se
« placent tous les quatre à la suite l'un de l'autre sur le plancher,

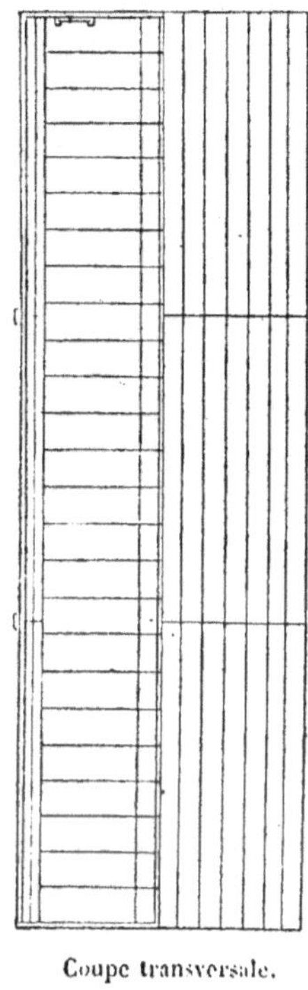

Fig. 32. — Lavoir à bras. (Boulonnais).

« entre l'extrémité du tas et la paroi d'amont, en faisant face au
« lavoir ; les trois premiers, à partir du tas, sont armés de râ-
« clettes et le quatrième d'une râclette plus large appelée grand
« rofle, cette dernière percée de trous de 0 m. 15 de diamètre. Le

(1) Oldry, *Le phosphate de chaux et les établissements Paul Desailly,*
chez G. Masson, 120. boulevard Saint-Germain, Paris.

« premier démolit le tas par sa base, à l'aide de son rofle, et amène
« les produits qu'il en tire et ceux qui tombent de sa partie supé-
« rieure en face du second ouvrier ; celui-ci les remue dans l'eau
« avec son rofle, en les avançant vers le troisième, qui agit de la
« même manière et les dirige vers le quatrième ; enfin, ce dernier
« les réunit au moyen de son grand rofle, les sort rapidement
« de l'eau en retournant cet outil, et les accumule en tas dans le
« lavoir même et sur son bord, du côté de la paroi verticale d'a-
« mont. »

Comme on le voit, c'est le frottement qui agit principalement
dans cette séparation, et au fur et à mesure que le tas lavé augmente d'un côté, les produits à laver diminuent de l'autre. Quand
toute la masse est passée d'un côté, on a opéré le premier *trait*, et
c'est alors qu'on fait arriver de l'eau pour laver l'appareil, puisqu'on élimine les boues en levant la vanne et en les poussant vers
la paroi d'aval avec un balai. Une fois le lavoir bien propre, on
recommence l'opération en allant en sens opposé, c'est-à-dire
qu'au lieu d'aller de l'aval vers l'amont, on va de l'amont vers
l'aval.

Quand les nodules ont repris leur place primitive, on a achevé le
second trait. Il faut ainsi six traits au moins pour avoir un lavage
parfait. L'ouvrier qui travaille avec le grand rofle doit montrer une
certaine adresse dès qu'on en est au dernier trait ; il doit, en effet,
tout en enlevant les nodules pour les mettre sur le côté, agiter son
outil renversé de façon à faire passer à travers les trous les morceaux trop petits et qui constituent les sous-produits. L'aide a
pour mission de séparer des nodules les amas d'argile qu'on ne
pourrait rendre libres à l'aide des outils.

Les sous-produits qui sont les éclats de nodules ayant passé par
les trous du grand rofle, sont recueillis puis lavés à part ; on se
sert pour cela d'une sorte de caisse en tôle percée de trous et qu'on
place au milieu d'un petit ruisseau à eau courante ; on remue les
produits à l'aide d'une râclette, puis on les dépose en tas. On obtient de cette façon des nodules peu riches, mais renfermant néanmoins encore assez d'acide phosphorique pour être expédiés.

Données.

Longueur du caisson	10 mètres
Profondeur du caisson	0 m. 50
Largeur à la partie supérieure .	1 m. 50
— — inférieure . .	1 mètre
Durée d'une opération	5 heures
Ouvriers	4
Aide	1

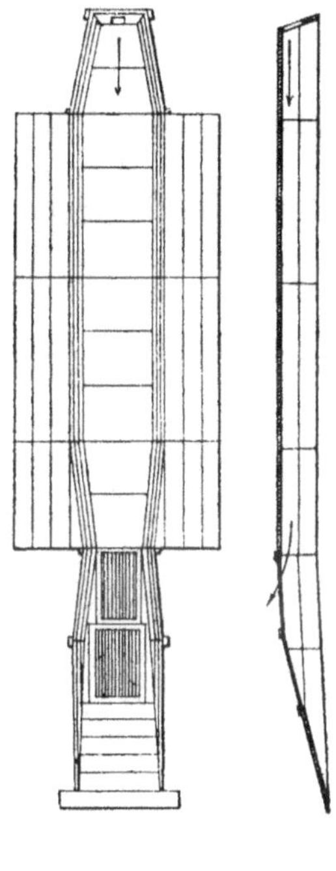

Fig. 33. — Lavoir à bras (Ardennes).

b) Lavoirs des Ardennes. — Ces appareils sont également employés dans la Meuse. Les nodules qu'on soumet au lavage dans ces lavoirs ont déjà été débarrassés, en partie, de leur gangue; on les a jetés, pour cela, sur des billards ou sur des claies (fig. 34 et 35), et c'est ce qu'on appelle l'opération du *fanage*. Sur deux mètres cubes ainsi travaillés, il n'en reste guère qu'un, ou un peu plus, en avant des tabliers. Les lavoirs à bras des Ardennes ont une grande analogie avec ceux du Boulonnais, mais comme on n'est plus forcé de procéder par éclusées, on fait suivre les caissons de deux grilles ou de tôles perforées qui permettent de faire une réparation par volume, et, au lieu d'un seul plancher, il y en a deux, un de chaque côté du lavoir (fig. 33). L'eau et le phosphate arrivent ensemble à l'une des extrémités, et les ouvriers en opèrent le mélange encore à l'aide de crocs et de rofles. Enfin, après un contact intime entre l'eau et les nodules, ces derniers sont amenés sur la grille où la séparation a lieu. Néanmoins, quand la gangue est trop collante, on laisse tremper pendant quelque temps et on opère ainsi ce qu'on appelle dans le pays le *dégraissage*. Il faut trois ouvriers, deux pour le lavoir et un pour la grille.

Données.

Longueur du caisson . .	6 mètres
Largeur — . .	1 —
Profondeur — . .	0 m. 40
Production journalière .	3 mètres cubes
Inclinaison du lavoir. .	0 m. 04 par mètre
Espacement des barreaux des grilles	0 m. 002
Diamètre des trous des tôles perforées . . .	0 m. 003

Lavoir mécanique. — Cet appareil est encore désigné sous le nom de malaxeur horizontal, il est très employé dans les Ardennes. Comme le précédent lavoir, il ne travaille ordinairement que des nodules *secoués* à sec. Il est constitué par une auge demi-cylindrique traversée dans toute sa longueur par un arbre en fer armé de broches également en fer droites ou recourbées. Une légère inclinaison est donnée à l'appareil, de façon à obtenir un écoulement de l'eau constant. Les phosphates sont chargés du côté de la sortie de l'eau et ils remontent tout l'appareil, cédant à la poussée des broches. Puis, ils sont placés sur une grille et un courant

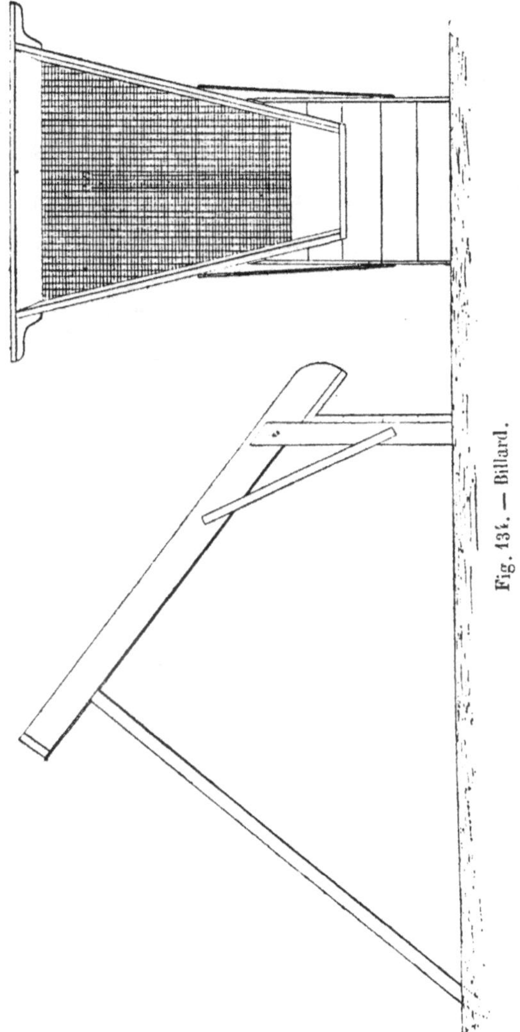

Fig. 134. — Billard.

d'eau vertical achève la séparation des éléments utiles de la gangue.

A la partie inférieure, on recueille les sous-produits qui subissent un second lavage dans des paniers en fils de fer. Les eaux

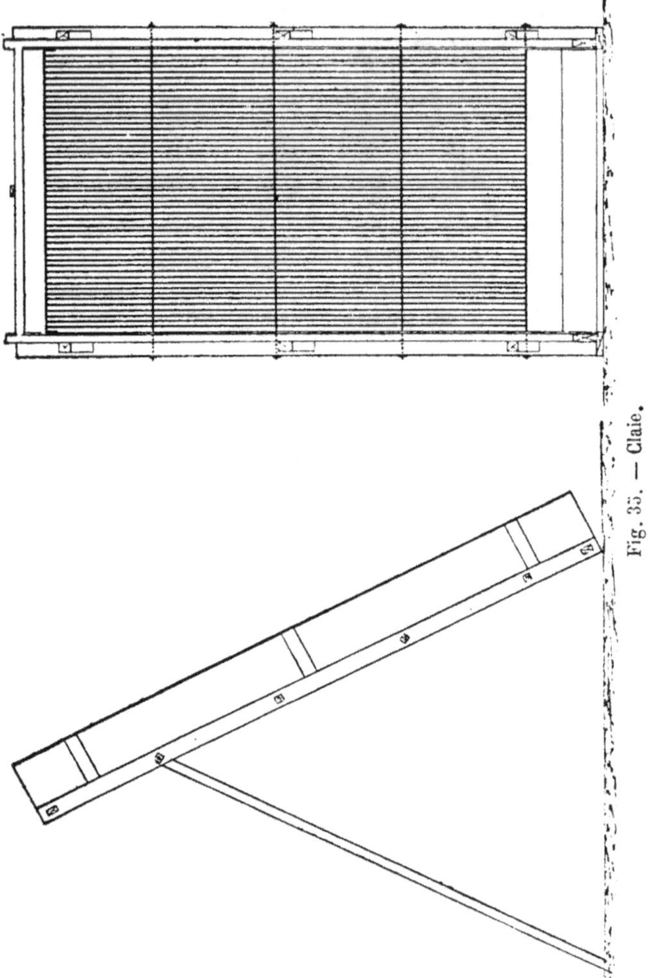

Fig. 35. — Claie.

boueuses, sortant de ces lavoirs à bras ou mécaniques, sont, autant que possible, dirigées dans des ruisseaux.

6

Données.

Longueur de l'auge	5 mètres	
Diamètre —	0 m. 68	
Nombre des manchons reliant les broches à l'arbre	30	
Nombre de broches (deux par manchon)	60	
Fers plats pour broches { longueur	0 m. 26	
{ largeur .	0 m. 06	
Débit par journée de **10** heures .	**10** m³	
Force nécessaire en chevaux-vapeur	5	
Nombre de tours par minute . .	**20**	
Distance des barreaux de la grille.	0 m. **003**	

Si nous excentrons l'arbre et si nous remplaçons les broches par une vis d'Archimède en tôle à pourtour dentelé, nous aurons encore un lavoir mécanique travaillant à peu près comme celui que nous venons de décrire et dont les dimensions ainsi que le débit peuvent varier. Cet appareil est connu sous le nom de *lavoir à vis d'Archimède excentrée*. Il permet de travailler des phosphates autres que les nodules ; il en est de même, du reste, pour les lavoirs que nous allons décrire.

Débourbeur. — La forme de cet appareil peut varier, mais il y en a deux types principaux : le débourbeur conique et le débourbeur cylindrique.

C'est un lavoir construit en tôle très résistante, et dont l'intérieur est, suivant une cloison hélicoïdale, armé de broches destinées à diviser la matière. Quand le débourbeur n'a pas de grandes dimensions, il est simplement soutenu par un arbre le traversant dans toute sa longueur et tournant dans des paliers. Mais quand la portée est trop grande, il y a à craindre le fléchissement de l'arbre, aussi a-t-on soin de soutenir l'appareil au moyen de galets. La conduite de ce lavoir n'offre aucune difficulté : la matière phosphatée et l'eau arrivent par une même extrémité, puis les phosphates triturés sont retirés à l'autre extrémité par une roue à godets. Le phosphate a subi le travail de l'eau et celui des broches ; celles-ci, dans leur mouvement de rotation, ont opéré par chocs et par entraînement. Afin de faciliter l'avancement des produits, on donne une certaine inclinaison à l'appareil. Une trémie sert à l'alimentation du lavoir.

Données.

Longueur de l'appareil (sans galets).	3 m. 50
Longueur de l'appareil (avec galets).	5 m. 50
Diamètre de l'appareil	1 m. 20
Nombre de tours par minute . .	10

La maison Beer, de Jemeppe-lez-Liège, fournit d'excellents appareils de trituration.

Trituration et séparation.

Trommels débourbeurs et classeurs. — Comme dans le cas précédent, ces appareils peuvent être coniques ou cylindriques.

Il est facile de transformer un débourbeur simple en un débourbeur-classeur ; il suffit, pour cela, de percer l'enveloppe de trous de façon à avoir une surface tamisante, d'armer l'arbre d'une hélice afin de faire avancer les produits, puis de plonger le tout dans un réservoir rempli d'eau, ou encore de faire arriver des jets d'eau sur l'enveloppe.

L'arbre le long duquel court l'hélice supporte en outre l'enveloppe par l'intermédiaire de croisillons en fer. L'ouverture de déchargement se trouve au centre de l'appareil, et c'est là qu'une disposition spéciale permet de ramener les boues qui s'accumulent vers l'extrémité. On peut faire agir l'eau de deux façons différentes : ou bien en faisant tourner le tout purement et simplement dans un grand bac rempli d'eau, ou bien en dirigeant sur l'enveloppe tamisante une série de jets d'eau. Dans les deux cas, l'eau désagrège la gangue peu résistante des phosphates, l'entraîne en parties très fines, et le phosphate est recueilli à part. La réussite de l'opération dépend beaucoup du choix de l'enveloppe tamisante ; en effet, la matière à travailler étant connue, il faut que les trous soient en rapport avec la grosseur des grains de phosphate. Si les trous sont trop grands, les grains passent et il n'y a aucun rendement ; si les trous sont trop petits, ils s'engorgent en peu de temps et il n'y a pas de débit. Il est préférable, dans une usine qui emploie ces débourbeurs, d'avoir des jeux d'enveloppes de façon à pouvoir travailler n'importe quel phosphate.

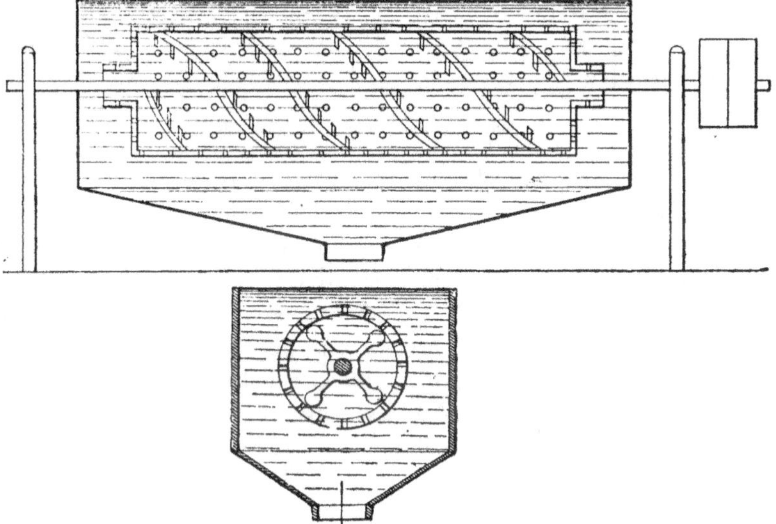

Fig. 36. — Trommel débourbeur et classeur.

Les eaux blanches (pour les craies), jaunes ou rouges (pour les terres) sont éliminées par la partie inférieure du bac où se trouve une trappe. Au lieu de se servir d'une série d'enveloppes, on peut encore installer des débourbeurs-classeurs en cascades, et les refus du premier passent dans le second, ceux du second dans le troisième et ainsi de suite. Dans ce cas, les enveloppes tamisantes ont des trous de plus en plus petits, et une seule conduite permet de réunir toutes les eaux chargées de schlamms ; celles-ci sont

ordinairement évacuées dans d'immenses réservoirs faits en terras-
sements (fig. 36).

Données.

Longueur	**3** mètres
Diamètre	**1** —
Nombre de tours par minute . .	**20**

Surface tamisante : **1** m² par tonne de minerai traitée en **1** heure.

Séparation.

Nous avons vu qu'il faut distinguer la séparation par volume et
par densité. Cette dernière est celle qui comprend le plus grand
nombre d'appareils.

Séparation par volume.

Le *lavoir à bras* dans lequel le travail se fait d'une façon continue et qui est muni de deux grilles en est un premier exemple.

Le *trommel débourbeur et classeur* que nous venons de décrire
en est un second exemple ; mais, comme nous le savons, le lavoir
à bras convient tout particulièrement aux phosphates noduleux,
le trommel débourbeur et classeur aux phosphates crayeux et ar-
gileux ; quant aux phosphates sableux, on les enrichit parfois en
les faisant passer sur les *tables à secousses*, et c'est là un troisième
exemple de séparation par volume.

Tables à secousses. — Réduite à sa plus simple expression, elle se
compose d'une table bordée de planchettes sur trois côtés, un petit
compris entre deux grands. Cette table est soutenue, aux quatre
angles, par des cordes solides ou des chaînes dont les deux du haut
sont attachées à la potence, celles du bas étant enroulées sur un
tambour horizontal ; grâce à cette disposition, on peut modifier à
volonté l'inclinaison de la table.

Un système de leviers et d'arbres permet de donner des
secousses au tablier sur lequel arrivent les produits et de l'eau.
Cette eau agit donc ici par entraînement, et, pour que l'opération réussisse, il faut une matière convenablement préparée.

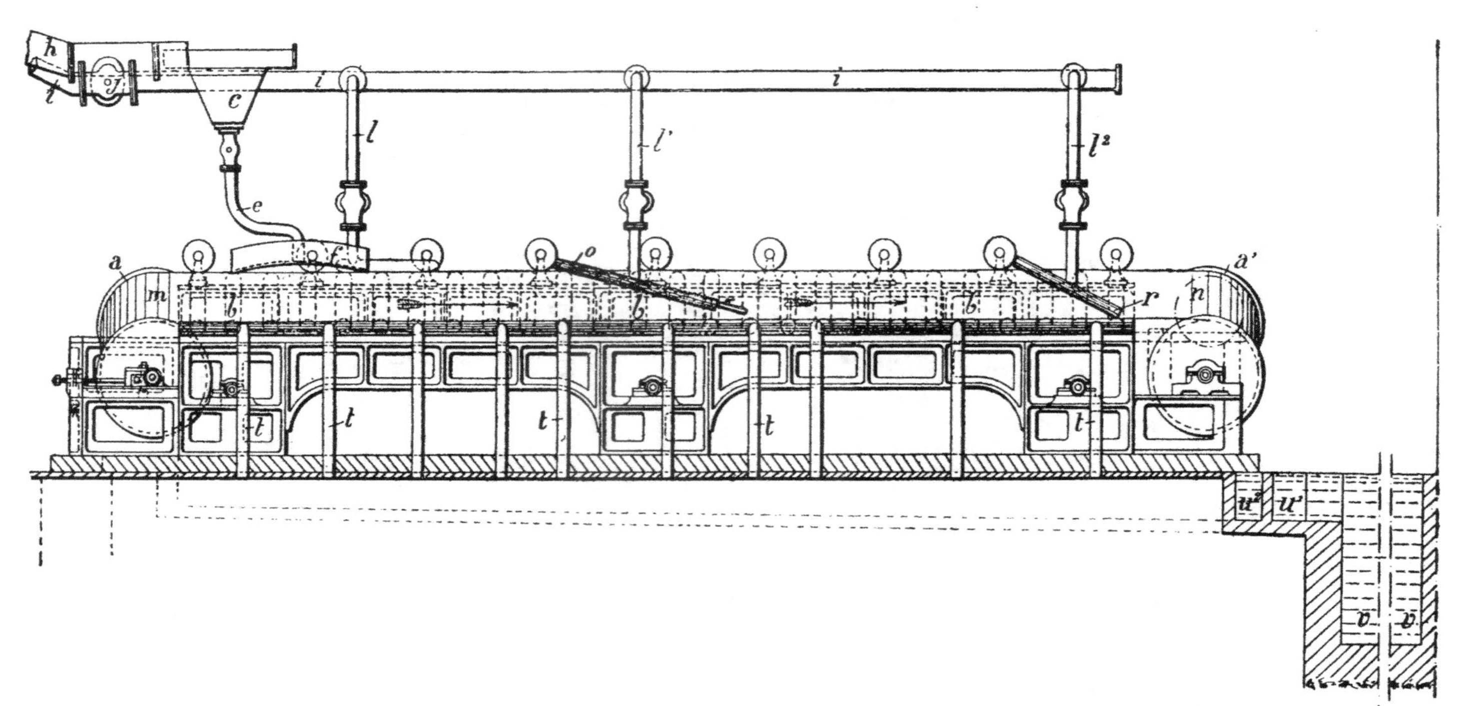

Fig. 37. — Enrichisseur de fines (Système Castelnau).

Données.

Longueur de la table. . .	**3 m. 50**
Largeur de la table . . .	**1 mètre**
Inclinaison de la table . .	jusqu'à 7 cent. par mètre
Amplitude de la secousse .	environ 10 centimètres

Séparation par densité.

Enrichisseur de fines (système Castelnau). — Laveur Ruelle. — Table ronde de Linkenbach. — Table ronde à balais mobiles. — Table ronde mobile. — Table rectangulaire fixe. —Décanteur Picard. — Crible Castelnau. — Spitzkasten. — Laveur Moison. — Laveur Fontaine. — Laveur Solvay. — Transporteurs Brunton et Solvay.

Enrichisseur de fines (système Castelnau). — Parmi les organes principaux de cet appareil, il faut citer un solide bâti en fer supportant deux rouleaux parallèles et inclinés *aa'* et auxquels on peut communiquer un mouvement de rotation. Sur ces deux rouleaux s'enroule une toile sans fin *mn* caoutchoutée, ou encore un tablier mince et métallique.

Nous venons de voir que les rouleaux sont inclinés, aussi le tablier présente-t-il lui aussi la même inclinaison ; mais il est soutenu, pour cela, par des galets *b* du côté le plus élevé (fig. 37). On peut modifier à volonté cette inclinaison. Ceci posé, voici comment on opère.

Par la trémie C, on fait arriver la matière phosphatée à enrichir ; cette matière a déjà subi la trituration, puis on l'a tamisée ; autrement dit elle a été travaillée au débourbeur-classeur. En quittant la trémie, elle est dirigée par le tuyau *e* dans le diviseur *f*, puis elle parvient enfin sur la toile *mn*. L'eau est fournie par les tuyaux *ill'l²*. La première bouche d'eau, celle de *l*, amène le liquide pres-

____

(1) Pour la description de cet enrichisseur, nous nous servons des notes que M. Castelnau a bien voulu nous communiquer : *Préparation mécanique des minerais*, par M. F. Castelnau. Ingénieur civil des Mines. officier d'Académie.

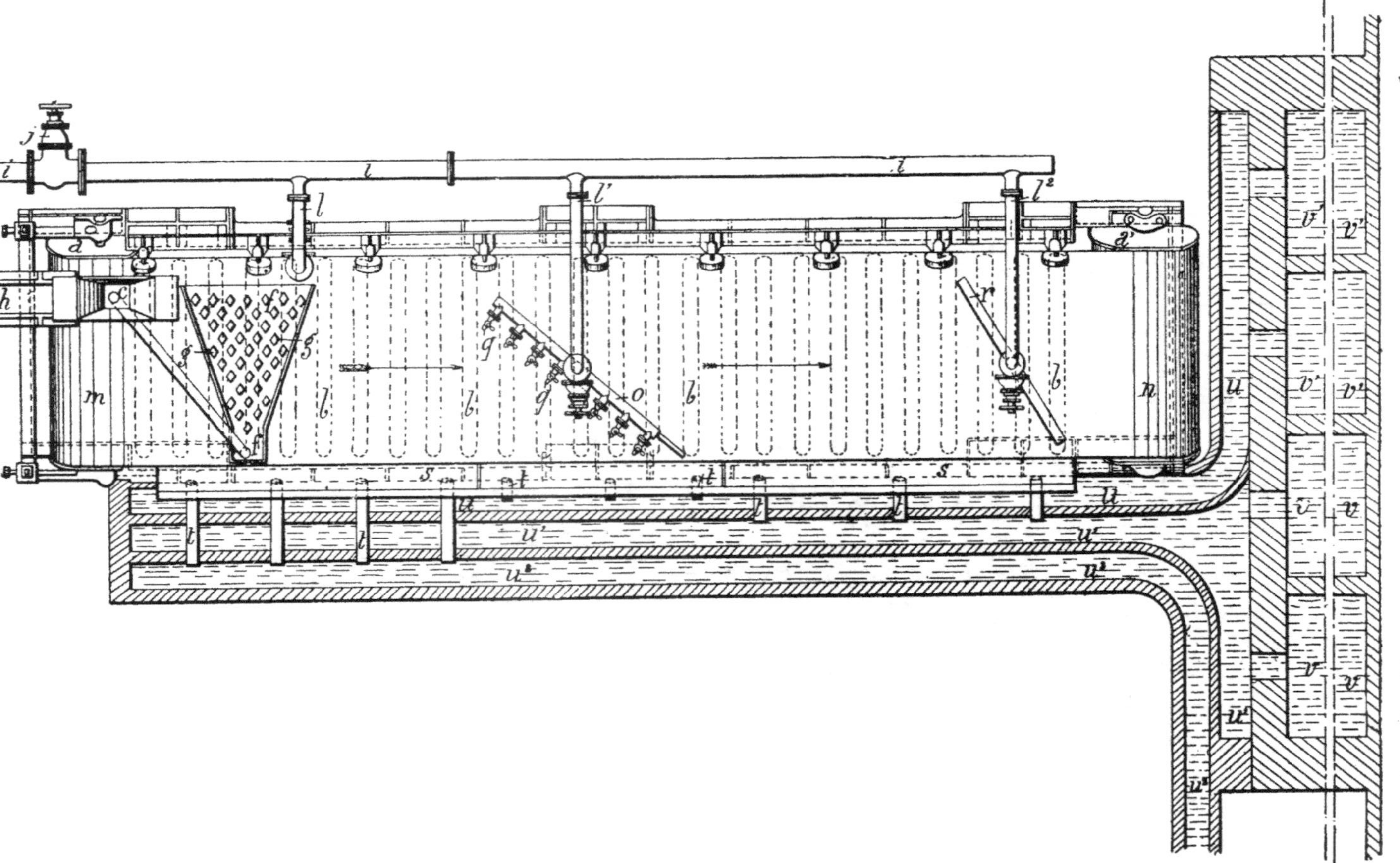

Fig. 38. — Enrichisseur de fines (Système Castelnau).

qu'à l'arrivée des produits phosphatés et les jets de l sont dirigés suivant la largeur de la table. A la conduite l' est soudé un tuyau O (fig. 38) muni d'une série de robinets q et les deux conduites l' et O sont soudées à angle droit. Le troisième tuyau l^2 descend comme l et l' perpendiculairement vers le milieu de la largeur de la toile sans fin, et on lui a ajusté un branchement r analogue à celui que nous avons désigné par O pour l', mais au lieu d'être armé de robinets, ce branchement est simplement perforé. O et r ont la même inclinaison que le tablier. L'eau du branchement O entraîne la matière divisée suivant deux directions, et celle de la conduite r achève son travail.

Une rigole s longe la toile sur toute sa longueur, elle est destinée à recevoir les petits grains de phosphate qui sont ensuite éliminés par les conduites u et u' vers les bassins de dépôt. Une autre conduite u^2 sert à l'écoulement des eaux boueuses entraînant les impuretés.

L'appareil est à action continue et, pour qu'il n'y ait pas de perte, il faut éviter que les produits triturés ne tombent en partie dans la rigole s.

Cet appareil demande, si l'on veut obtenir des résultats satisfaisants, un personnel parfaitement au courant des diverses manipulations, car il ne faut pas perdre de vue en effet que, pendant l'opération, le phosphate est sollicité par trois actions différentes : la première, qui dépend de la vitesse de la toile ; la seconde, qui résulte de l'entraînement par l'eau et la troisième, qui a pour cause la densité des produits. Quant au rendement, il peut être très variable ; il dépend d'abord de la nature de ces produits, de la vitesse et des dimensions de la toile. Le réglage de l'eau ne se fait qu'après avoir tenu compte de la vitesse et de l'inclinaison du tablier.

En pratique, quand on s'est assuré que l'appareil marche régulièrement, voici comment on opère, on ouvre :

1° La clarinette d'arrosage A (fig. 39) ;

2° La rampe des robinets à jets normaux B ;

3° La clarinette-balai C.

Si l'eau s'écoule régulièrement, on commence le chargement.

Pendant cette opération, on ouvre légèrement le robinet D du classeur E et dès que la matière arrive il faut éviter tout déversement par le bord F du classeur E.

Toute l'eau nécessaire à l'entraînement du minerai doit pouvoir être admise par le robinet D. On doit éviter rigoureusement tout écoulement de produit dans la gouttière G sur la projection H de la

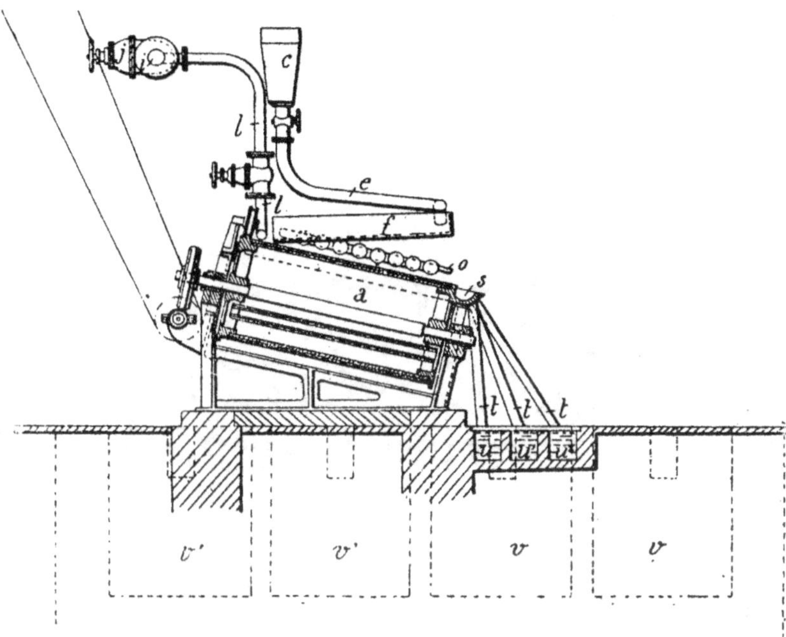

Fig. 39. — Enrichisseur de fines (Système Castelnau). Coupe transversale.

clarinette A. Cet écoulement ne doit s'accuser qu'à partir du point H. Dans la gouttière G est posée une cloison P à 0 m. 20 du point H ; ainsi étalée, la matière se présente à l'action des jets i, i', i'', etc. En P', une deuxième cloison est posée sur la projection du dernier jet i''' ; c'est alors que s'observe la formation des rubans o, o', o'', etc. Pendant toute la durée du travail, il faut :

1° Que la toile en caoutchouc se maintienne parfaitement dans sa position normale ;

2° Que les rouleaux soient graissés avec de la glycérine ou avec toutes autres matières lubrifiantes n'attaquant pas le caoutchouc ;

3° Que le cordon cousu à l'un des bords de la toile soit visité tous les jours et recousu très exactement, s'il y a lieu ;

4° Que les grands tambours des extrémités ne glissent pas dans leurs paliers par suite de l'usure de la rondelle r.

Avec cet appareil, on est arrivé à obtenir une tonne de phosphate titrant 60,02 (phosphate tribasique) en partant de deux tonnes de phosphate titrant 37,70.

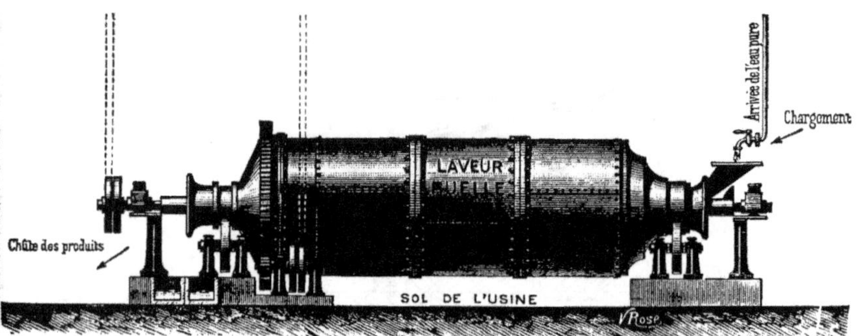

Fig. 40.

Laveur Ruelle. — C'est un laveur continu ; il est composé d'un cylindre en tôle tournant sur des galets ; une vis le traverse par le centre et sur toute sa longueur ; cette vis sert à introduire les matières à laver et à les faire tomber sur une grille circulaire où agissent des boulets de diamètres différents. Après le broyage et la trituration, les matières passent par les interstices des grilles et parviennent à la partie du cylindre où on a rivé un grand nombre de palettes. Les matières relevées avec l'eau retombent sur une armure hérissée recouvrant la vis, et sont ensuite projetées dans l'eau remplissant l'appareil aux deux tiers. Les phosphates, une fois arrivés au bout du cylindre débourbeur, sont relevés par de grandes palettes et déversés dans l'auge de la vis transversale pour être ensuite introduits dans une nouvelle chambre de broyage fermée par des diaphragmes. Pour ce dernier broyage on se sert, selon les matières, d'une meule verticale ou de boulets, et après cette opération les produits sont repoussés et passent par des ouvertures pratiquées dans le diaphragme situé près de la sortie. Une fois là, ils sont repris par d'autres palettes qui les remontent dans la vis ; celle-ci les dirige à l'extérieur de l'appareil. Les matières tombent alors dans des auges en bois où elles se déposent. C'est l'eau qui lave et classe les éléments (fig. 40).

Données.

Diamètre du cylindre en tôle . .	1 m. 800
Longueur du laveur	8 m. 000

Table ronde (système Linkenbach). — La table Linkenbach est fixe, c'est la tuyauterie qui tourne. La partie fixe est constituée par la table A (fig. 41) et les chenaux $Q^1 Q^2 Q^3 Q^4$; la surface de la table est cimentée et ne présente aucune rugosité ; elle comprend en outre la tuyauterie C et la conduite N.

La partie mobile se compose de l'arbre creux B à joints étanches sur lequel viennent s'assembler les tuyaux E, se terminant par les crépines d'arrosage système Humboldt.

Il faut encore distinguer un canal en tôle circulaire F muni de tubes G et relié à D. Les tuyaux et le canal sont soutenus par des ferrures et tirants H. Cet ensemble mobile tourne avec l'arbre B mû par un engrenage à vis sans fin K.

Par la conduite N arrivent les fines à enrichir, elles sont reçues dans l'auge D d'où elles se répandent sur la table et s'y déposent par ordre de densité décroissante en couronnes concentriques. Par C, B et P arrive de l'eau claire qui entraîne successivement les produits dans le chenal mobile F, d'où ils sont évacués dans les canaux circulaires Q grâce aux tubes G ; enfin on les recueille dans des bassins de dépôt.

Données.

On peut faire autant de classes que l'on veut.

Les fines doivent s'écouler sous une charge d'au moins **1** mètre d'eau. La production est d'environ **7** tonnes par jour de **10** heures. Il faut amener par minute, sur la table, de **100** à **200** litres d'eau de retour bien clarifiée.

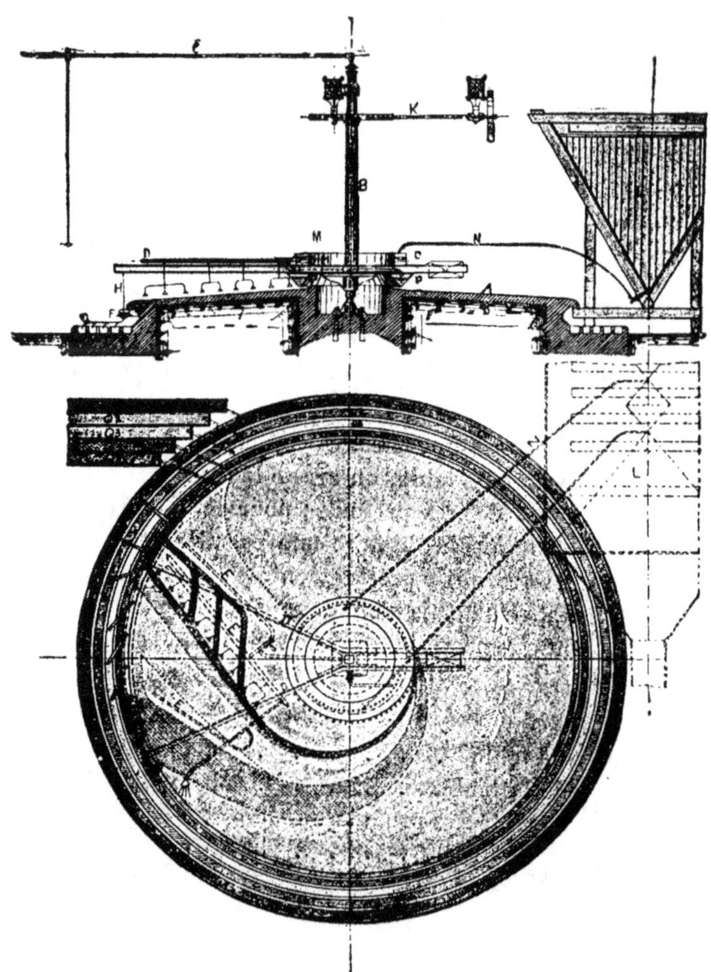

Fig. 41. — Table ronde (système Linkenbach).

S'il y a manque de place, on peut superposer plusieurs tables.

Table ronde à balais mobiles. — Comme dans le cas précédent, la table est immobile, mais l'eau, au lieu d'arriver par une tuyauterie mobile, est amenée vers le centre du système, en même temps que les matières phosphatées. On fait le mélange suffisamment clair avant de l'introduire dans le distributeur. Il n'y a donc d'immobiles que la table et le distributeur, mais il existe aussi une partie mobile composée de deux tringles auxquelles on a assujetti des bandes d'étoffe jouant le rôle de petits balais disposés en râclettes. Ces deux tringles ou planchettes qui ont la même inclinaison que le dessus de la table sont suspendues à une potence recevant un mouvement de rotation par l'intermédiaire de deux arbres, l'un vertical, l'autre horizontal.

La table, qui est conique, peut être construite indifféremment en bois ou en maçonnerie, et elle est disposée au centre d'un bassin également en bois ou en maçonnerie. Autour de la table, dans le bassin même, existe une rigole ayant une inclinaison de quelques centimètres par mètre, et par laquelle sont éliminées les eaux tenant en suspension les impuretés. Quand on juge qu'il y a assez de produits enrichis sur la table, on arrête le mouvement et on procède à l'enlèvement de ces produits ; pour cette opération, on se sert de pelles et on a soin de faire une première classification en tenant compte des zones de prélèvement.

Dans ce travail, les balais n'ont donc d'autre but que de rendre uniformes autant que possible les couches de dépôt sur la table.

Données

Diamètre de la table	4 m. 50
Inclinaison de la table.	0 m. 10 par mètre
Epaisseur suffisante des produits sur la table.	0 m. 15

Table ronde mobile. — Si cette table, par sa forme, rappelle celle que nous venons de décrire, son mécanisme en diffère totalement, car au lieu d'avoir des tables immobiles et des tuyauteries et planchettes à balais tournantes, nous avons tout le contraire : Une table mobile et une tuyauterie fixe.

La table qui est en bois, repose sur une charpente reliée à un arbre vertical et recevant le mouvement de rotation d'un arbre horizontal. Cette table est entourée d'une rigole destinée à l'élimination des produits riches qui, contrairement à ce que nous avons vu jusqu'ici, ne restent pas sur la table, mais se rendent directement dans des bassins de dépôt. Les eaux de lavage s'éliminent également d'une façon continue. Au centre de la table, autour de l'arbre, se trouve une autre rigole circulaire et à petit développement ; elle est divisée par deux plaques d'arrêt, de façon à offrir le quart de son volume à la réception des eaux boueuses et les trois quarts restant à celle des eaux claires. Les deux se répandent donc de suite sur la table. Et le mélange est encore rendu plus intime par de petits jets d'eau multiples partant de tuyauteries disposées au-dessus de la table et parfois par de petits balais analogues à ceux décrits dans l'appareil précédent. Le travail de la table ronde mobile est continu, mais on ne peut guère enrichir que des fines.

Données

Diamètre de la table.	,6 m.
Inclinaison de la table.	0 m. 06 par mètre.
Nombre de tours de la table par heure	**24**

(Le nombre de tours varie suivant la nature du phosphate).

Table rectangulaire fixe. — Terminons ces descriptions de tables en disant deux mots de la table rectangulaire fixe. Elle n'est autre chose qu'un plancher ayant la forme d'un rectangle et dont la surface est parfaitement plane. Les deux grands côtés sont garnis de rebords et une légère inclinaison dans le sens de la longueur est donnée à la table de façon à obtenir un écoulement des eaux boueuses.

Les produits enrichis sont éliminés par des ouvertures pratiquées dans l'un des deux rebords et la matière première est ramenée sous forme de bouillie claire à la partie supérieure de la table.

Dimensions

Longueur de la table. . . . . 8 m.
Largeur de la table . . . . 1 m. 50

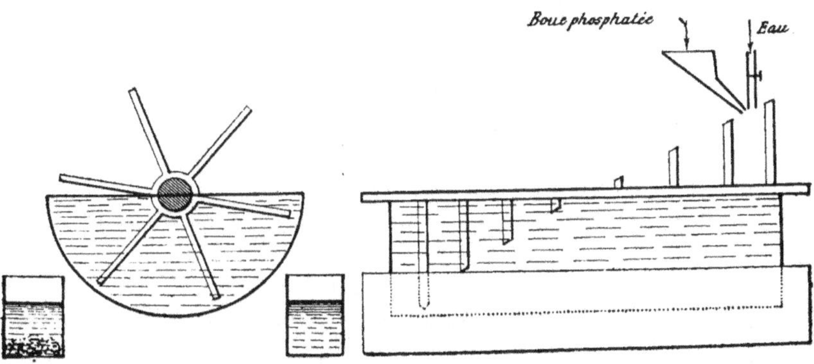

Fig. 42. — Décanteur Chabod.

Décanteur Picard ou Chabod. — On l'emploie pour l'enrichissement des phosphates crayeux. Ils est composé essentiellement d'un bac demi-cylindrique en tôle, pouvant osciller à droite ou à gauche. Ce bac est simplement supporté par deux tourillons (fig. 42).

Un agitateur à bras peut se mouvoir sur toute sa longueur et opère sur les boues à classer qui sont introduites. Il arrive parfois qu'on remplace cet agitateur par un serpentin lançant de l'eau dans toutes les directions. Quand on juge que les eaux de lavages qui ont été introduites séparément sont suffisamment sales, on les élimine dans une rigole située à droite de l'appareil, par exemple en faisant déverser les eaux vers ce côté, puis pour recueillir les produits riches restant dans le fond de la cuve, il suffira de les faire dévier à gauche dans une autre rigole.

On opère donc par une série de décantations et le travail est intermittent. Ces décanteurs diffèrent par la forme et le genre d'agitation.

Données

Longueur de la caisse	**2** mètres
Profondeur de la caisse.	1 —
Nombre d'opérations nécessaires.	8
Enrichissement moyen	15°

Crible Castelnau. — L'appareil de **M.** Castelnau, permet de réunir 7 ou 8 cribles auxquels un même piston donne l'impulsion nécessaire.

Il se compose d'un excentrique unique mù par un arbre et dont
chaque secteur reçoit une impulsion unique ; l'ensemble de ces sec-
teurs constitue un piston circulaire. Un manchon guide la tige du
piston dans sa course. Afin d'obtenir l'isolement absolu de chaque
compartiment, l'inventeur a imaginé un cloisonnement. Un clapet-
vanne, laisse librement passer l'eau allant au crible, et se referme
quand la pression venant du crible est inférieure à celle venant du
bassin d'alimentation. Il ne peut donc pas y avoir de renversement
du courant.

Le nombre des coups de piston des cribles et l'amplitude de ces
coups de piston doivent être déterminés par l'expérience, car ils
varient avec des minerais de diverses natures.

Entre les limites de broyage suivantes : diamètre maximum
20 mm. et diamètre minimum **1/2** millimètre, on peut écrire que
si d est le diamètre en millimètres des grains pour un tamis,

> n le nombre des coups de piston par minute,
>
> C la course du piston en mm. ;

la formule donnant la course et le nombre de coups de piston par
minute sera :

$$c = 5 \times d ;$$
$$n = k - 2C, \text{ la constante } k = 300 ;$$

d'où le tableau :

7

Diamètre du grain en millimètres	Nombre de coups de piston par minute	Course du piston en millimètres
20	100	100
16	140	80
12	180	60
10	200	50
8	220	40
6	240	30
4	260	20
3	270	15
2	280	10
1	290	5

Spitzkasten. — C'est un classeur conique également construit par la Société française de traitement des minerais (1). Il se compose d'une caisse à section triangulaire parfois en bois, mais plus généralement en tôle.

Les produits à enrichir arrivent par une conduite et ils tendent immédiatement à gagner le fond de l'appareil, mais, dans leur descente, ils rencontrent un courant d'eau ascendant provenant du branchement, aussi obtient-on de suite une séparation. Les parties légères obéissent au courant de l'air et sont entraînées, avec les eaux sales vers le haut pour s'écouler ; quant aux petits grains de phosphate, ils sont éliminés par les parties inférieures. On a toujours recours à une batterie de ces classeurs, car un seul appareil ne donnerait que des résultats insignifiants.

On conçoit facilement que l'arrivée de l'eau claire et l'écoulement des produits enrichis se règlent à volonté en manœuvrant des robinets.

Données

Profondeur de la caisse. . . . . 2 mètres
Profondeur des côtés de la caisse. . . . . . . 1 m. 50

(1) Société française de traitement des minerais, 35, rue Boissy-d'Anglas, Paris.

Laveur Moison. — La lévigation continue des phosphates s'effectue dans un vase cylindrique A (fig. 43), d'un diamètre un peu plus grand dans sa partie supérieure que dans sa partie inférieure, pour compenser l'espace occupé par le large tube B. Ce vase est terminé

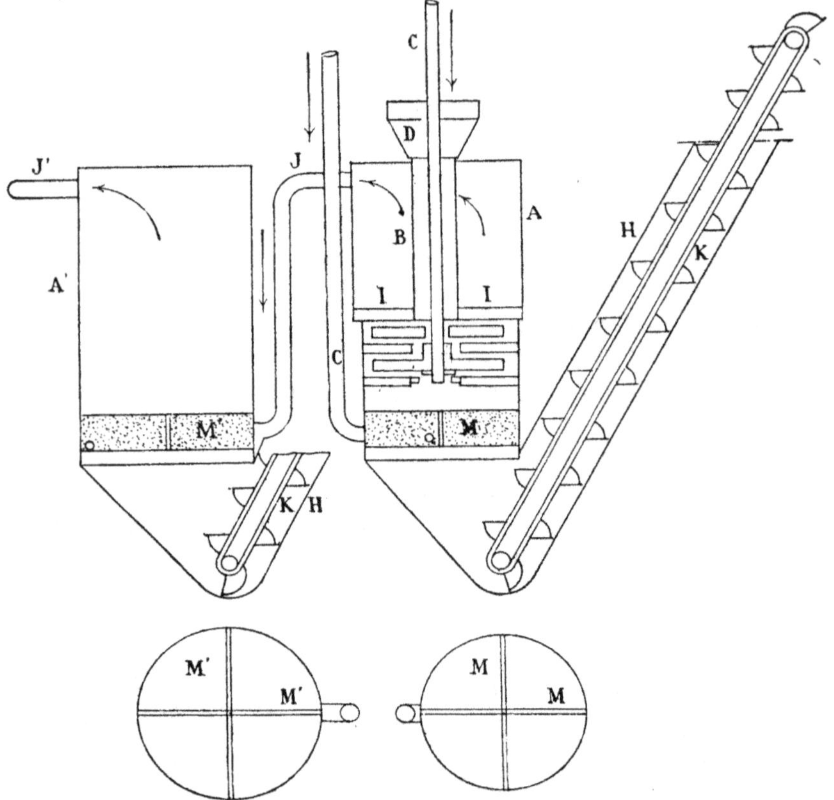

Fig. 43. — Appareil Moison

à sa partie inférieure par un tronc de cône renversé. Au centre du tube B, est placé l'arbre C, supporté par le bout de l'appareil ; cet arbre forme l'axe d'un agitateur rotatif à base E tournant entre des bras F fixés au cylindre. Au bas de la partie conique est adapté un conduit incliné H dans lequel est montée une chaîne à godets K.

Le phosphate en poudre ou en bouillie est introduit d'une manière continue par l'entonnoir D dans le cylindre A rempli d'eau. En même temps, l'agitateur et la chaîne à godets étant en marche, un courant d'eau régulier — point essentiel — arrive par le tuyau G, se répand dans les tuyaux plats perforés sur les côtés et placés de champ et en croix M.

Ces tuyaux correspondant entre eux sont placés de façon à ne pas faire obstacle à la descente du phosphate. Les trous doivent égaler, ensemble, la section du tuyau G ; ils sont plus nombreux vers la circonférence du cylindre que vers le centre et laissent couler l'eau doucement en la divisant pour produire un courant ascensionnel régulier dans toutes les parties du vase. Le minerai tombant dans l'eau agitée se divise en deux parties suivant la densité des éléments : les plus lourds se déposent dans le cône d'où ils sont extraits au fur et à mesure par la chaîne à godets tandis que les éléments plus légers sont entraînés par l'eau dans le tuyau de trop plein qui les conduit dans un second cylindre A' dont le diamètre est un peu plus grand que celui du premier cylindre.

L'eau arrive dans le second récipient avec les corps qu'elle entraîne, en passant par les tubes plats M'. Là, sa vitesse ascensionnelle est ralentie en raison de la section plus grande du cylindre : elle abandonne les substances les plus denses, le phosphate, et s'écoule au besoin dans un troisième cylindre avec les matières les plus légères. Le diamètre de ce dernier récipient est encore plus grand que celui du deuxième, il en résulte encore un ralentissement dans la marche ascensionnelle de l'eau, ce qui permet un troisième dépôt. Ces appareils sont pourvus de chaînes à godets pour l'enlèvement des dépôts.

Dans une batterie de cylindres ainsi organisée, on opère le classement des produits phosphatés, suivant leur densité, en ayant soin de produire un courant d'eau constant assez rapide pour enlever les corps légers et assez lent pour permettre le dépôt des particules les plus denses.

Laveur Fontaine. — Un appareil analogue au laveur Moison est le laveur Fontaine. L'agitateur, au lieu d'être perpendiculaire, est horizontal, les faces sont latérales et le fond demi-cylindrique. Pour obtenir x tonnes, il faut travailler en moyenne $3x$ tonnes.

Données

Longueur de la caisse.	2 m. 80
Ouverture de la caisse.	0 m. 60
Nombre de tours de l'arbre par minute. . .	20
Rendement par journée de 10 heures. . . .	20 tonnes.

Laveur Solvay. — Dans cet appareil, il n'y a plus d'agitateur comme dans les deux que nous venons de décrire. C'est simplement une cuve cylindrique C terminée à la partie inférieure par un tronc de cône T. Les boues à travailler sont amenées vers le milieu par la conduite G et l'eau claire vient par le tuyau H. A leur arrivée, les boues se dirigent vers la base de l'appareil, mais au moment où elles quittent G, elles sont prises par un courant d'eau ascendant qui enlève les parties les plus légères et les conduit dans une rigole circulaire ajustée à la partie supérieure de la cuve. Les produits riches trop denses pour suivre les impuretés, viennent se déposer dans la partie conique d'où on les élimine par un robinet R (fig. 44).

Données.

Hauteur de la cuve	4 m. 20
— de la rigole	0 m. 50
Diamètre de la cuve	1 m. 00

Laveur Bouchez. — Il se compose d'une cuve portée sur deux tourillons et inclinée dans le sens de sa largeur ; elle est complètement remplie d'eau et à l'intérieur sont disposées des cloisons inclinées au nombre d'une vingtaine, et dirigées parallèlement à la longueur de la cuve. Vers la base, des plaques sont percées des fentes destinées à la séparation de la craie et du phosphate. Les produits pauvres et riches sont éliminés, après séparation, par des collecteurs. Les matières boueuses à enrichir sont introduites par la partie supérieure de l'appareil.

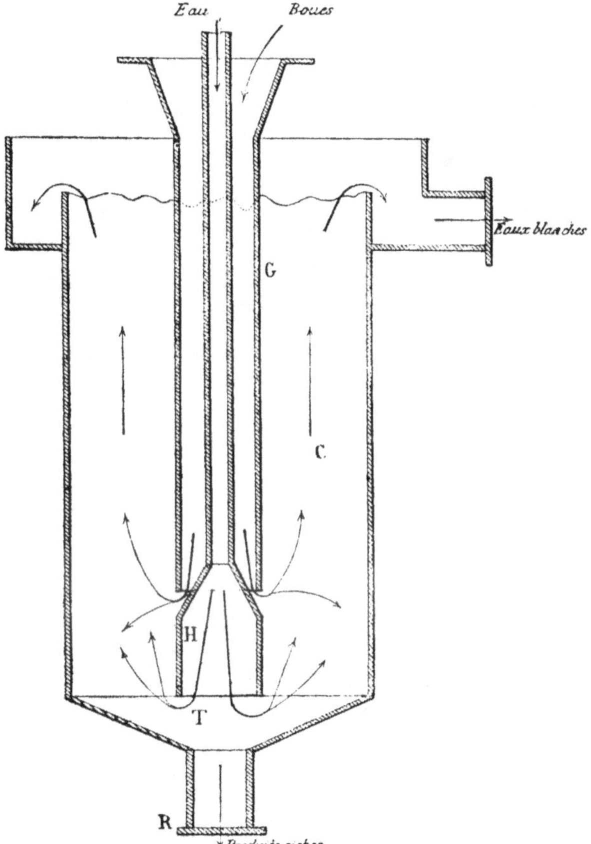

Fig. 44. — Laveur Solvay.

Transporteurs Brünton et Solvay. — Le transporteur Brünton est une toile sans fin caoutchoutée, posée sur trois rouleaux au plus. Les deux rouleaux extrêmes ne sont pas de niveau, aussi obtient-on une inclinaison du tablier. En faisant tourner ces rouleaux, on actionne la toile et on s'arrange de façon que le sens du mouvement soit ascendant. Supposons, par exemple, que le tablier tourne de gauche à droite. Les produits boueux sont amenés un peu en avant du rouleau supérieur, et derrière eux est déversée une nappe d'eau.

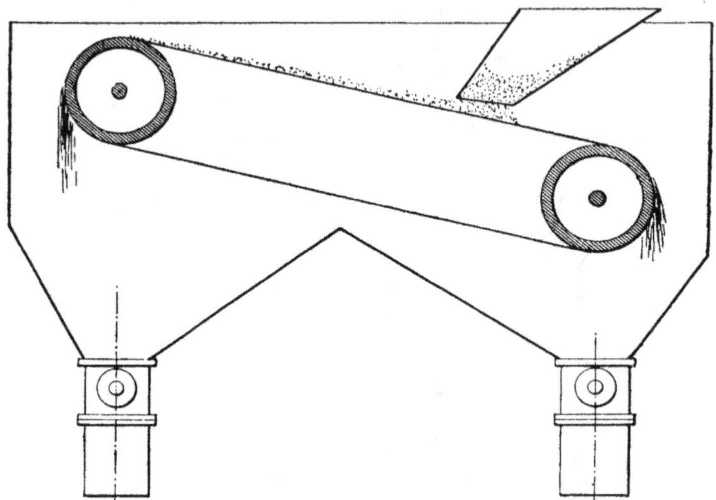

Fig. 45. — Transporteur Solvay.

Les impuretés entraînées par l'eau suivent la pente et sont recueillies à l'extrémité basse de la toile, tandis que les grains phosphatés obéissent au mouvement ascendant, passent sous la nappe liquide et sont recueillis à l'autre extrémité de l'appareil. Le *Transporteur Solvay* est analogue au transporteur Brünton ; il n'y a de changé que la longueur de la table, qui est beaucoup moins grande, et l'arrivée d'eau qui est complètement supprimée, attendu que l'appareil est en partie immergé dans deux cuves (fig. 45). Dans celle de droite sont recueillis les produits riches, et dans celle de gauche flottent les impuretés. Des deux côtés on élimine au moyen de valves.

Nota. — Il existe encore un très grand nombre d'appareils enrichisseurs par voie humide ; nous ne les décrirons pas, et nous nous contenterons de citer les suivants : *Stromgerin. — Crible continu.*

— *Caisson et labyrinthe*. — *Décanteur Hardenpont*. — *Laveur Mirland*. — *Laveur Passelecq*. — *Laveur Cajot*. — *Appareil Quintens*. — *Laveur Galesloot*. — *Laveur Dufranc*. — *Laveur Boulmy*. — *Laveur Baussart* (d'Auxi-le-Château). etc., etc.

Exemples d'installations pour l'enrichissement par voie humide.

Si nous récapitulons ce que nous avons dit plus haut, nous voyons que pour l'enrichissement par voie humide, il faut en général avoir recours aux opérations suivantes :

1° Concassage ;
2° Broyage ;
3° Trituration ;
4° Séparation ;
5° Séchage ;
6° Ensachage.

Suivant la nature du phosphate à enrichir, il y a un choix à faire parmi tous les appareils se rapportant aux différentes opérations, et parfois il ne faut même plus tenir compte des dimensions indiquées par les inventeurs et constructeurs.

Phosphate noduleux du Boulonnais.

Lavoir à bras.
Séchoir à plaques.
Concasseur.
Meule horizontale.
Blutoir.
Ensachage.

Phosphate noduleux des Ardennes.

Malaxeur horizontal.
Four à réverbères.

(1) Nous laissons complètement de côté les travaux de *recherches* et d'*extraction* qui ont été étudiés ailleurs. Voir les *Phosphates naturels* à la même librairie.

Concasseur.
Broyeur-tamiseur.
Ensachage.

Phosphate argileux de Pernes.

Grille simple.
Trommel cylindrique débourbeur et classeur.
Meule verticale.
Blutoir.
Ensachage.

Phosphate argileux de la Somme.

Vis d'Archimède excentrée.
Trommel classeur conique.
Séchoir Ruelle.
Meule horizontale.
Ensachage.

Craie grise du Hainaut.

Concasseur.
Moulin à boulets frappeurs.
Trommel classeur.
Crible.
Table Linkenbach.
Séchoir à tubes.
Ensachage.

Craie grise du Pas-de-Calais.

Concasseur.
Tube broyeur.
Débourbeur.
Colonne Solvay.
Séchoir à plaques.
Meules (système Ruelle).
Ensachage.

Craie grise de la Somme.

Concasseur.
Moulins à cylindres.
Débourbeur.
Enrichisseur de fines (système Castelnau).
Séchoir à plaques.
Meules.
Blutoir.
Ensachage.

Nota. — Ces installations peuvent varier à l'infini, et nous n'avons nullement la prétention de guider les industriels dans le choix des appareils enrichisseurs. Nous ne donnons ici que des indications très sommaires. Toutefois nous devons citer, en particulier, les laveries de phosphates installées par la Société Humboldt, à Saint-Symphorien, près Mons (Belgique).

Bénéfices procurés par l'enrichissement par voie humide.
Données.

Matière traitée : Craie grise.

Richesse du phosphate en terre .	30° (phosphate tribasique)
Humidité du phosphate en terre .	20 0/0
Rendement	70 0/0
Enrichissement moyen	13°
Distance du gisement à l'usine .	6 kilomètres
Usine sur le canal.	

1° *Prix de revient d'une tonne à l'usine.*

Achat	1 fr.	00
Extraction	2	50
Transport	1	50
Contributions pour routes . . .	0	20
	5 fr.	20

2° *Prix de fabrication.*

Concassage . . . .
Trituration . . . .
Séchage . . . .
Broyage . . . .
Ensachage . . . .
Intérêt d'argent et amortissement. .

4 fr. 00

Nota. — Poids primitif : 1000 kg.

    a) A retrancher 20 0/0 humidité .   800 kg.
    b) A retrancher 30 0/0 déchets . .   360 kg.
titrant 41 à l'état sec.

En partant de 1000 kg. bruts, on n'obtient donc que 560 kg. de produits fabriqués de 41°.

3° *Frais d'expédition.*

Frais de port . . . .   0 fr. 05
Prix de revient des 560 kg. sur bateau :

5 fr. 20
4   00
0   05
———————
9 fr. 25

Prix de revient : 9 fr. 25.

Titre définitif : $41 + 13 = 54$.

Nous avons donc à livrer 560 kg. de 54.

Admettons le cours de 0 fr. 50 pour le 54, soit $54 \times 0.50 = 27$ fr.

pour une tonne (1) et $\dfrac{27 \times 560}{1000} = 15$ fr. 12 pour 560 kg. .

Prix de vente : 15 fr. 12.

Bénéfice réalisé sur une tonne brute : $15.12 - 9.25 = 5$ fr. 87.

---

(1) *Remarque.* — D'une manière générale, pour obtenir le prix d'une tonne de phosphate, il faut multiplier le pour cent tribasique par le prix de l'unité.

CHAPITRE III

VOIE SÈCHE

Théorie. — Il est facile d'adopter les quatre cas vus précédemment, car, dans l'enrichissement par voie sèche, le milieu ambiant seul change. L'air remplace l'eau.

Comme dans le travail par voie humide, les trois premiers cas sont les plus importants et nous aurons :

1° Chute libre d'un corps dans une couche d'air en repos ;

2° Chute d'un corps dans une couche d'air soumise à un courant horizontal et de vitesse constante ;

3° Chute d'un corps dans une couche d'air soumise à un courant ascendant et de vitesse constante ;

4° Action d'une couche d'air arrivant en lame mince sur un corps reposant sur une aire plane.

Pratique. — Les appareils classeurs par voie sèche sont basés sur la plus ou moins grande difficulté qu'éprouvent les divers éléments constituant les produits phosphatés de se tenir en suspension dans l'air.

Nous avons comme opérations préparatoires :

1° Concassage ;

2° Séchage ;

3° Broyage ;

puis celle de l'enrichissement proprement dit, et enfin :

4° Ensachage.

Nous avons étudié, dans le premier chapitre, les opérations du concassage, séchage, broyage et ensachage, il ne nous reste donc

donc qu'à passer en revue les divers appareils employés pour l'enrichissement par voie sèche.

Voici la liste des principaux :

Billards et claies (séparation grossière). — *Transporteur ordinaire* (séparation à la main). — *Tamis à secousses.* — *Blutoirs.* — *Concentrateur Henoch.* — *Appareil Manet.* — *Appareil Bourgeois de Meroy*, etc.

Nous n'en décrirons que quelques-uns :

Billards et claies. — Nous en avons parlé en donnant la description du *lavoir des Ardennes*, voici des détails complémentaires :

Billards. — Pour la plupart, ils ont la forme d'un triangle isocèle dont on aurait supprimé le sommet. Ils sont formés par un encadrement en bois recouvert d'un treillis en fil de fer dont les mailles carrées ont un écartement variant de 6 à **20** millimètres (fig. 34).

Les billards se nettoient difficilement; afin d'empêcher les produits jetés sur le treillis de tomber sur les côtés, on cloue solidement des rebords en bois le long de l'encadrement.

Claies. — Elles sont de forme rectangulaire et le treillis des billards est remplacé par des barreaux en fer espacés de 8 à 10 millimètres les uns des autres. Le nettoyage des claies est plus facile que celui des billards (fig. 35).

On ne peut pas travailler aux billards et aux claies des produits chargés d'humidité, il faut au préalable les sécher et on conçoit de suite que la première matière phosphatée venue ne peut être enrichie avec ces appareils ; en effet, ils sont ordinairement réservés à des phosphates noduleux qu'on a primitivement fait sécher en les soumettant en couches à l'action du soleil et ce séchage a reçu le nom de *fanage*.

Nous ne citons ce procédé qu'à titre de curiosité car il ne peut pas figurer comme procédé vraiment industriel.

La maison Beer (Société anonyme) à Jemeppe, fournit une grande partie des cribles utilisés pour la préparation des phosphates.

Transporteur ordinaire. — C'est un appareil analogue à celui étudié pour l'enrichissement par voie humide. Il se compose d'une toile sans fin très résistante sur laquelle on jette les produits à enrichir.

Des ouvriers (ordinairement des femmes et des enfants) sont placés de chaque côté et retirent, à la main, les impuretés mêlées aux nodules et qui passent devant eux. Comme la méthode précédente, cette façon d'opérer est plus originale qu'industrielle. On peut remplacer la toile sans fin par une table tournante (fig. 46). Ce triage à la main est connu sous le nom de scheidage.

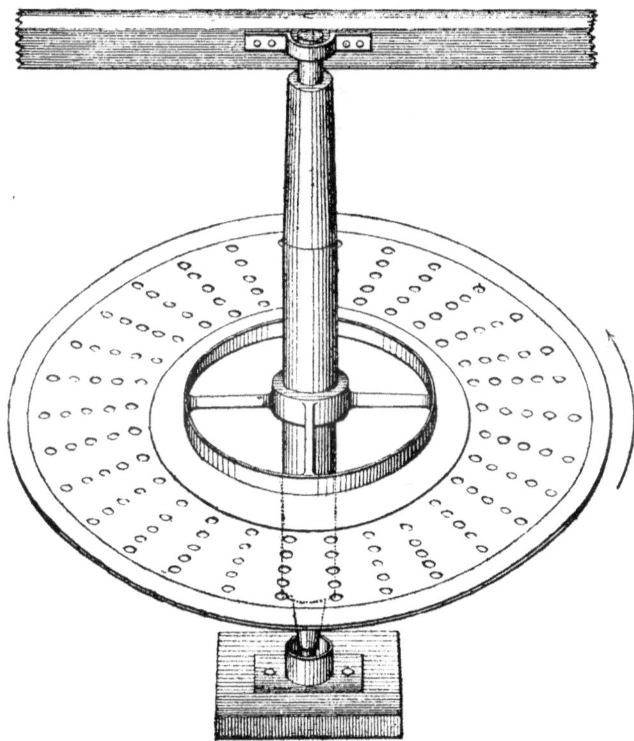

Fig. 46. — Table tournante (système Scheidage).

Tamis à secousses. — Par l'emploi de cet appareil on peut obtenir un certain enrichissement.

Le tamis à secousses se compose essentiellement d'un bâti et d'une table mobile en bois ou en fer (fig. 47) et (fig. 48). La table

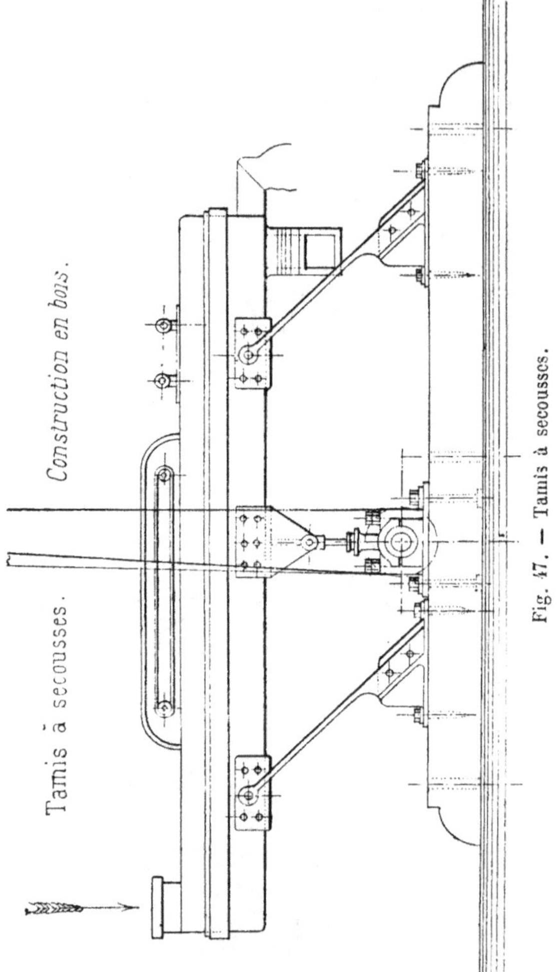

est reliée au bâti, au moyen de supports pouvant osciller à leur partie inférieure et le mouvement est donné par un arbre actionnant une manivelle. Au-dessus de la table à quelques centimètres,

sont placés des cadres garnis de toiles de tamisage. Une inclinaison d'une trentaine de centimètres est donnée à l'ensemble des
cadres.

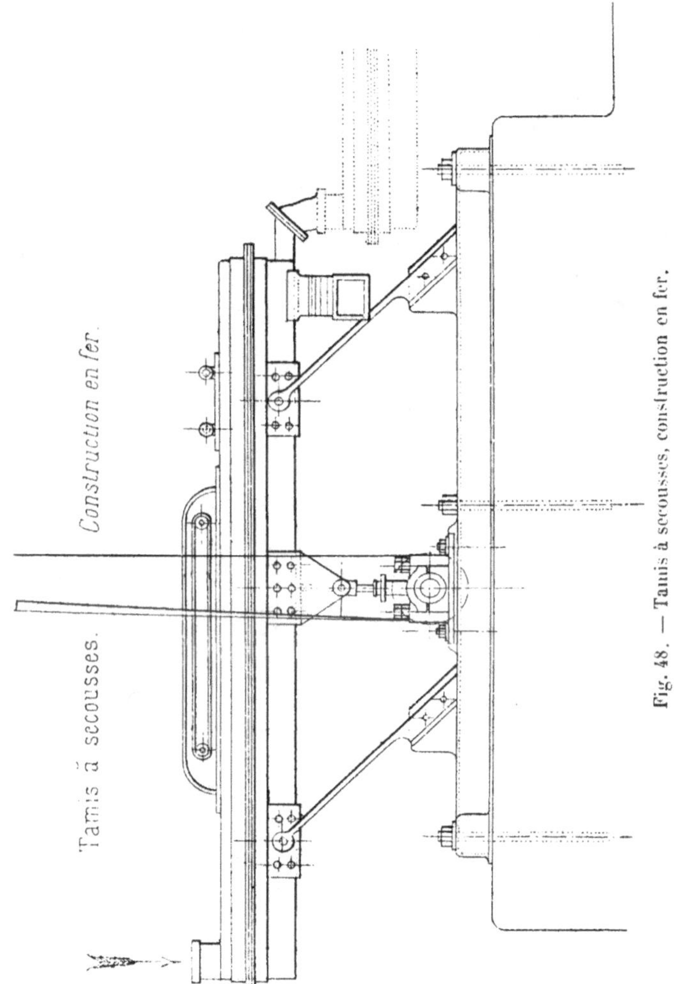

Fig. 48. — Tamis à secousses, construction en fer.

Cette disposition permet à la matière broyée qui arrive par la
trémie de parcourir toute la surface des tamis, aidée en cela, par

les nombreuses secousses. On obtient donc une séparation. Une première partie qui passe est recueillie sous la toile ; une autre partie qui ne passe pas, est recueillie à l'extrémité des tamis à secousses.

Il est facile d'organiser un jeu de ces tamis (fig. 49), et d'obtenir en une seule opération, des séries de grains parfaitement égaux. Les tamis à secousses sont employés principalement pour le travail des craies phosphatées.

Données

Longueur de la caisse à tamis.	2 m. 100
Largeur de la caisse à tamis.	0 m. 730
Surface utile des tamis.	0 m² 960
Diamètre de la poulie	0 m. 200
Largeur de la poulie.	0 m. 090
Nombre de tours par minute.	350
Force nécessaire en chevaux-vapeur	1

	40.	2.700
	60.	1.200
Travail utile en kilos, par heure,	90.	1.000
suivant les numéros des tamis.	120.	825
	150.	700
	180.	500

Poids du tamis en fer.	720 kg.
Poids du tamis en bois.	500 kg.
Prix de l'appareil en fer.	750 fr.
Prix de l'appareil en bois.	550 fr.

Blutoirs. — Il y en a de différentes formes. On distingue les blutoirs cylindriques, hexagonaux et coniques.

Les deux premiers ont leur axe horizontal, le dernier a son axe vertical.

a). — *Blutoirs cylindriques et hexagonaux.* — Ils se composent d'un arbre généralement en acier supportant plusieurs croisillons réunis longitudinalement par des fers plats. La toile métallique

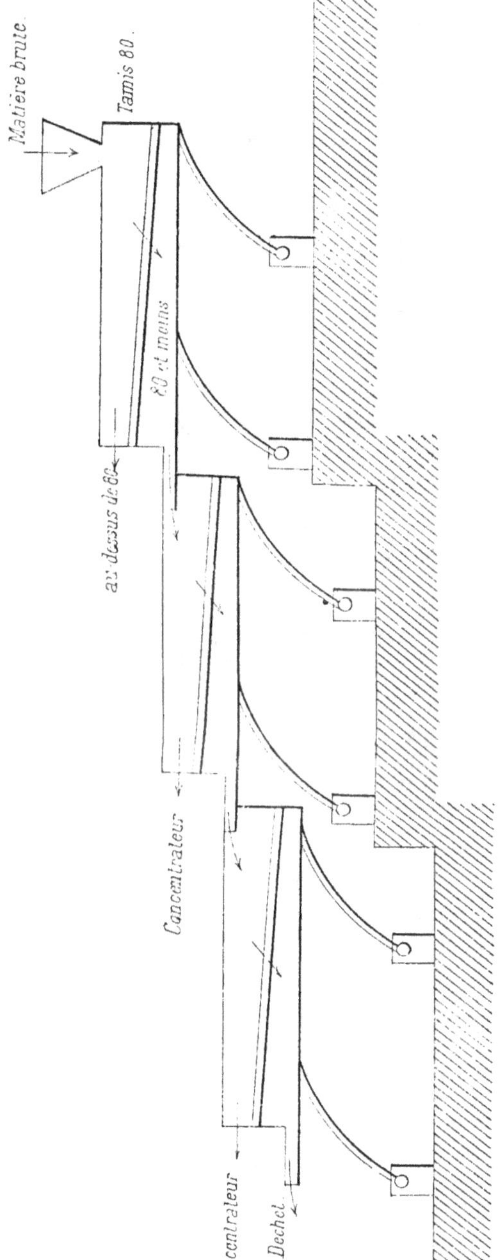

Fig. 49. — Jeu de tamis à secousses.

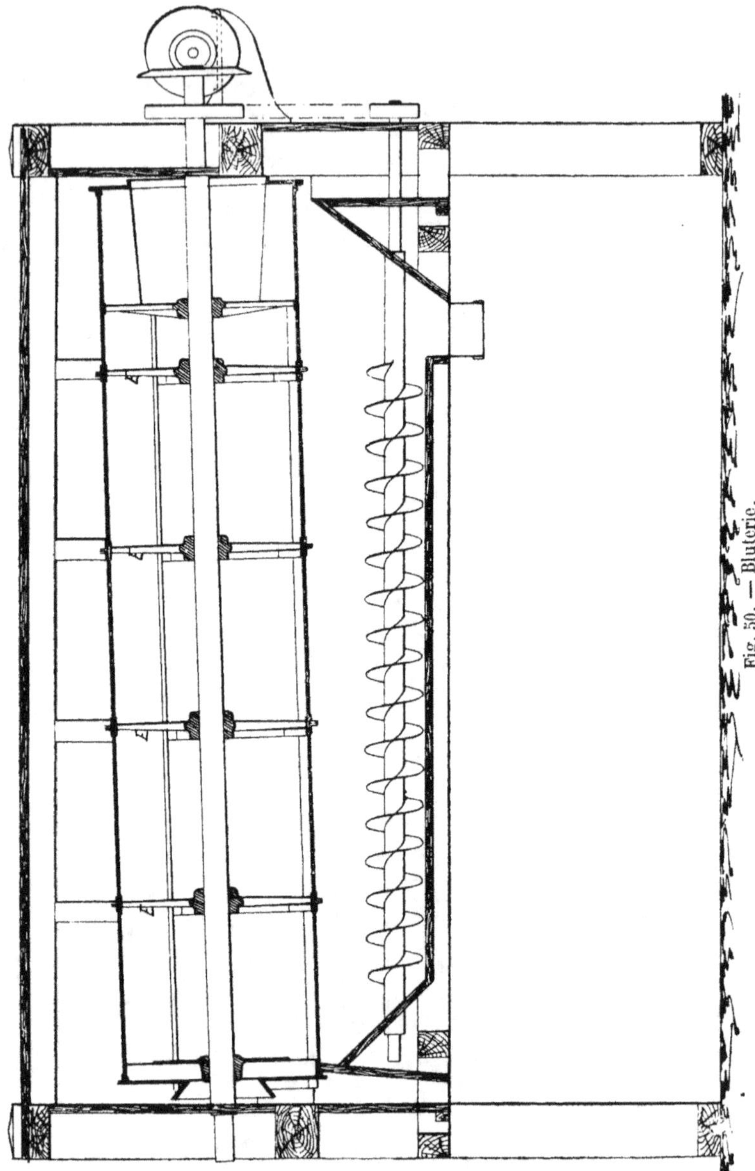

Fig. 50. — Bluterie.

formant enveloppe est cousue, clouée ou boulonnée suivant les constructeurs. L'inclinaison de l'appareil se règle à volonté au moyen d'une vis. Toute la partie terminante, qu'on pouvait dénommer essentielle, est placée dans une caisse en bois sur les faces latérales de laquelle on a pratiqué des ouvertures (fig. 50).

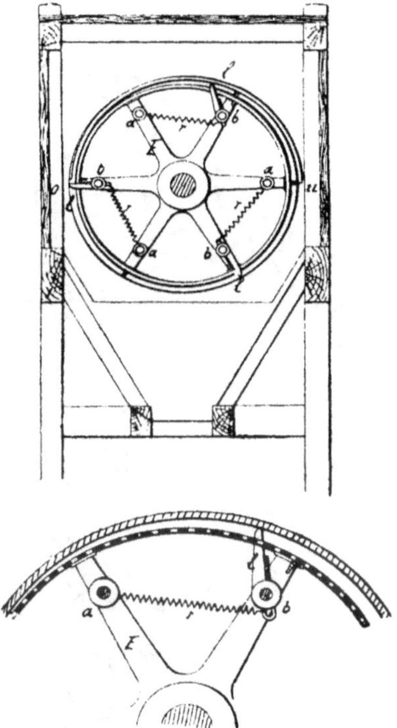

Fig. 51. — Bluterie.

Quand il y a beaucoup de refus, les toiles ont plus de fatigues aussi, pour éviter une usure trop rapide, on ménage à l'entrée du blutoir, une corbeille formée d'une toile métallique destinée à la réception des produits dès leur entrée dans l'appareil. Après avoir traversé la toile de la corbeille puis celle du blutoir, la matière tombe dans des entonnoirs ou est ramenée en face d'ouvertures spéciales à l'aide d'une vis d'Archimède se mouvant dans la partie inférieure de la caisse. Les refus retournent aux broyeurs. Il est facile d'obtenir une séparation par volume au moyen d'une série de blutoirs portant des toiles de numéros différents.

Il suffit de fermer hermétiquement la caisse du blutoir en se contentant d'y pratiquer une bouche à air en communication par une conduite avec un ventilateur. Les parties très fines, dans ce cas, sont reçues dans une chambre spéciale où elles se déposent.

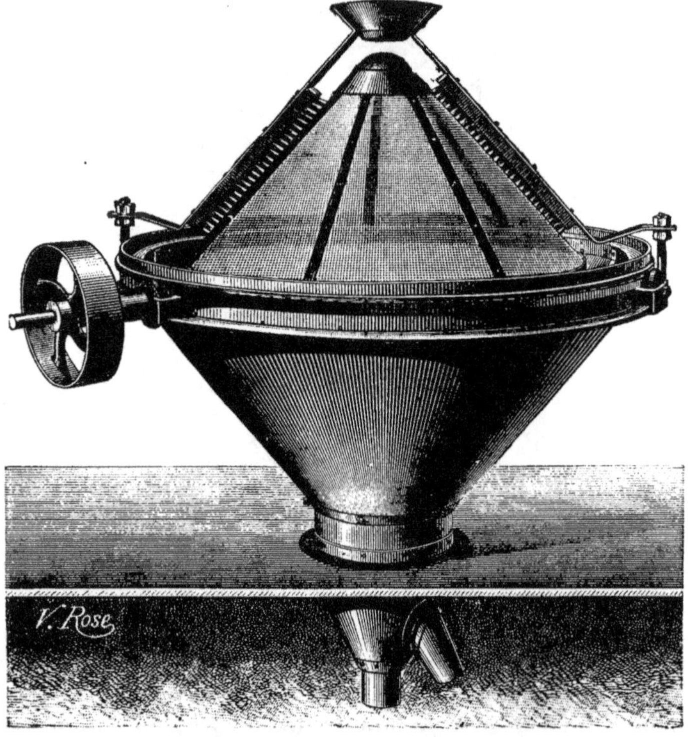

Fig. 52. — Blutoir conique.

Données

Rayon du cylindre.	0,35 à 0,50
Côté de l'hexagone.	0,35 à 0,50
Longueur de la poulie tamisante. .	1 m. 80 à 2 m. 50

b) Blutoir conique. — Il est formé d'une cuvette en tôle servant de bâti et reposant directement sur un plancher ou un chevalet. Deux tamis coniques et renversés l'un par rapport à l'autre sont disposés dans cette cuvette (fig. 52). Un premier mouvement de trépidations rapides sert à activer le tamisage ; un second mouvement circulaire a pour but de régulariser la matière sur le tamis supérieur à mesure qu'elle tombe de l'élévateur. Le nettoyage des toiles métalliques se fait au moyen de brosses qu'on règle à volonté. Quand les produits ont été tamisés à la partie supérieure, ils tombent à la partie inférieure où le tamisage s'achève et les farines qui en résultent sont éliminées par un conduit allant aux sacs. Pendant ce temps, le refus retourne aux broyeurs.

Données.

Diamètre de la poulie motrice . .	0 m. 200
Diamètre total de la cuvette. . .	1 m. 500
Hauteur totale du plancher à la pointe du cône	1 m. 500
Largeur de la toile métallique . .	0 m. 500
Poids de l'appareil	240 kg.
Prix —	550 fr.

Classification française et anglaise comparées (1)
(Tissus métalliques de 20 à 200)

Française	Anglaise	Française	Anglaise	Française	Anglaise
20	18.9	62	»	128	»
22	»	68	»	130	123.3
24	22.5	70	66.1	132	»
26	»	72	»	140	131.7
28	»	76	»	144	»
30	28.2	80	75.2	150	141.1
32	»	84	»	160	150.5
35	»	90	84.7	170	159.9
40	37.6	92	»	180	169 3
45	»	100	94.1	190	178.8
50	47.0	102	»	200	188.1
52	»	110	103.5	»	»
58	»	112	»	»	»
60	56.5	120	112.9	»	»

(1) M. A. Deckers a donné une table complète.

Bluterie métallique. — Cette bluterie, construite par MM. Beyer frères, est très solide ; le bâti est en fonte et les côtés en tôle ; elle est fermée hermétiquement par un couvercle demi-cylindrique, de façon à éviter tout dégagement de poussière. Les panneaux garnissant le cylindre-bluteur sont facilement démontables (fig.52).

Fig. 53. — Bluterie métallique.

Le produit bluté peut être recueilli dans un compartiment à tiroir, placé sous l'appareil, ou être amené par une vis d'Archimède à l'ensachage.

Les refus sont rejetés sur le côté dans un récipient disposé *ad hoc*.

Les meilleures bluteries livrées aux industries minérales sortant des ateliers de construction suivants : maison Thivet-Hanctin, 18, rue du Port, à Saint-Denis ; V. Dalbouze, 208, rue Saint-Maur, à Paris ; Beer, société anonyme, à Jemeppe-lez-Liège.

Parmi les maisons les plus importantes comme fournisseurs de soies, toiles métalliques et accessoires pour bluteries, nous indiquerons les suivantes : la maison Amelin et Renaud, 39, rue Jean-Jacques-Rousseau, à Paris, et la maison E. Mulatier-Silvent et fils, rue de Créqui, 32, à Lyon.

La maison R. Villain, 18, rue des Rogations, à Lille, a fait breveter un système de bluterie à clapets reversibles, qui a donné de très bons résultats (fig. 51).

Trombe Beyer. — MM. Beyer frères ont fait breveter un procédé d'enrichissement par voie sèche et qui, en même temps, est essentiellement mécanique. Ce procédé a été étudié et expérimenté en collaboration avec M. Girard. Voici comment s'opère le travail : la matière, brute, concassée, s'il y a lieu, après avoir été séchée, est amenée par une vis d'Archimède conique dans la trémie de chargement de la « trombe ».

Celle-ci n'est autre chose qu'un pulvérisateur à axe horizontal construit spécialement pour ce travail, et elle est, en outre, combinée avec un autre appareil dit « détendeur ». Le détendeur est une sorte de tambour cylindrique de grandes dimensions, dont la partie supérieure est faite partiellement en tissus ; ce détendeur est breveté en France et à l'étranger.

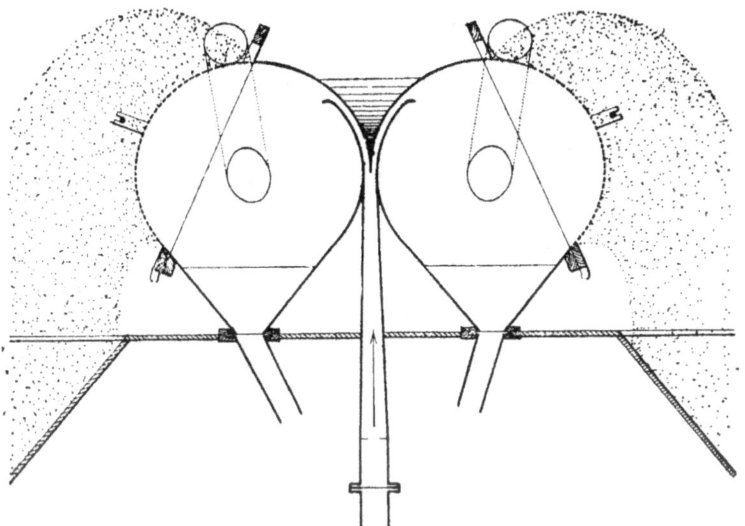

Fig. 54. — Détendeurs jumeaux. (Système Beyer, frères).

Les produits sont dégagés en une seule opération, et par la simple projection énergique contre les parois du cylindre de la trombe ; les différents éléments dont ils se composent se trouvent séparés par cela même qu'ils subissent différemment l'effet de la pulvérisation, et chacun d'eux est réduit en grains plus ou moins fins, suivant sa friabilité naturelle.

L'air attiré par la rotation du croisillon de la trombe acquiert une vitesse de courant suffisante pour qu'il puisse entraîner dans une conduite les produits désagrégés, et les refouler ensuite dans le détendeur. Les particules ainsi en suspension dans l'air débouchant à la partie supérieure du détendeur se trouvent projetées tangentiellement et dans un état très divisé sur un tissu de soie forte (numéro moyen 160). C'est sur ce tissu à face courbe que la séparation s'effectue d'une manière simple et rationnelle, sans l'aide d'aucun mouvement mécanique.

Ce détendeur est posé de champ dans une grande chambre, et c'est à l'étage supérieur que le carbonate de chaux se dépose au fur et à mesure qu'il a traversé avec l'air les tissus dont il est question, tandis que les grains de phosphate, beaucoup plus lourds, retombent et gagnent la partie inférieure du tambour, façonné en forme de trémie, d'où ils se rendent automatiquement dans un second appareil analogue à celui dont nous venons de parler. La même opération est répétée et la séparation n'en est que plus parfaite, au bénéfice de l'enrichissement de la craie traitée. Du centre du détendeur partent deux souffleurs latéraux qui recueillent les poussières du tourbillon produit dans l'appareil, pour les amener à leur tour directement dans la grande chambre à poussières. La masse de carbonate tombe dans une large trémie, au niveau du plancher de la chambre, qui est munie, à la partie inférieure, d'une vis-déchargeur fonctionnant constamment. En quittant le dernier détendeur, le phosphate, avant d'être ensaché, se trouve bluté (au tamis 80) ; on en élimine, de cette façon, le peu de refus de la fabrication, lequel étant plus riche que le reste, peut être ensaché séparément ou encore peut être retourné, pour une complète désagrégation, dans une des trombes.

Le procédé Beyer frères est employé en grand dans l'intéressante usine d'Etaves (Aisne), où la Société anonyme pour l'enrichissement et le traitement des craies phosphatées a créé une installation modèle. Dans cette usine, fonctionnent depuis deux ans, deux séries de machines comprenant huit trombes avec leurs détendeurs, dont la production journalière est de 45 tonnes, malgré un personnel peu nombreux. L'usine d'Etaves emploie avec succès des détendeurs-jumeaux, dont la construction est représentée par la figure 54 ; ces détendeurs présentent l'avantage d'une double surface d'élimination du carbonate et on les a munis d'un système économique très ingénieux pour le montage et la tension à donner aux lés de soie.

Les produits arrivent par le conduit ascensionnel central et sont, à hauteur voulue, également partagés entre les deux compartiments de l'appareil. Une lame oscillante régularise le partage au moyen d'un levier-manipulateur.

La production indiquée comprend :

30 à 32 tonnes de phosphate tricalcique 50 à 55.

12 à 15 d'impalpable phosphaté de 15 à 20.

En partant d'un phosphate titrant à l'état brut 30 à 37 0/0 de phosphate tricalcique $(PhO^5)^2Ca^3$ et contenant de 15 à 18 0/0 d'humidité, on obtient facilement le titre de 50/55 avec un rendement de 55 0/0.

Autrement dit, deux tonnes de 30/35, à l'état humide (15 à 18 0/0 d'humidité), par exemple, fourniront une tonne à une tonne et demie de 50/55.

Concentrateur Henoch.

Il se compose essentiellement de deux parties :

1° Un ventilateur V ;

2° Un concentrateur C.

Nous parlons plus loin des ventilateurs ; nous n'en donnerons donc pas de description ici.

Quant au concentrateur, c'est une grande caisse en bois commençant d'un côté par le ventilateur et se terminant de l'autre par une chambre à poussière.

Différentes tables formées de trémies divisent le concentrateur en un certain nombre d'étages où le travail de séparation par ventilation se trouve autant de fois répété, plus une fois, qu'il y a de séparations.

Généralement il y a trois rangées de trémies, et par conséquent quatre étages. Dans la plupart des cas, le travail de séparation est répété quatre fois.

Pour obtenir de bons résultats avec le concentrateur Henoch, c'est-à-dire pour obtenir une séparation parfaite, il faut travailler des produits parfaitements secs et soumis à une préparation mécanique spéciale, car leurs éléments doivent différer, autant que possible, et en volume et en densité.

Partant de là, il faut réduire en poudre impalpable les parties pauvres et laisser intacts les grains riches ; c'est ce qui arrive avec les craies phosphatées, composées généralement de petits grains de phosphate enrobés dans une pâte crayeuse. On arrive à réduire la partie crayeuse en impalpable grâce à l'emploi d'un désagrégateur, du broyeur Vapart, par exemple, et à laisser intacts les grains de phosphate. Or, à volumes égaux, la craie est plus légère que le phosphate ; à plus forte raison, la différence de densité sera-t-elle plus sensible quand la différence de volume existera grâce à l'action du Vapart.

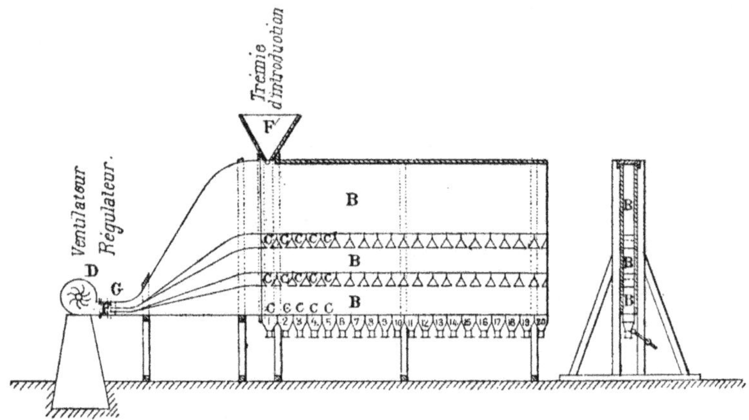

Fig. 55. — Concentrateur Henoch.

Voici quelques-uns des principaux avantages qu'offre le concentrateur Henoch.

1º L'appareil est d'une construction peu coûteuse et d'une installation simple ;

2º Il est aisément démontable et transportable lorsqu'il doit fonctionner dans des endroits d'accès difficile ou qu'il s'agit de traiter, sur des points distants les uns des autres, des quantités limitées de phosphate brut ;

3º Le procédé est peu coûteux ;

4° Il permet d'exercer pendant le travail un contrôle sûr et constant, etc., etc.

Comme nous l'avons déjà dit, cet appareil est divisé en plusieurs chambres étagées, composées chacune de cases ou compartiments se déchargeant les uns dans les autres d'une chambre à la suivante (fig. 55).

Les grains de phosphate chassés par le vent dans une direction horizontale, commencent par se répartir selon leur densité ou poids spécifique dans les cases de la première chambre, mais au lieu de rester dans ces dernières, ils tombent successivement d'un étage à l'autre pour recevoir plusieurs fois l'action du vent. Ce n'est que dans les cases ou compartiments de la chambre inférieure que les grains sont définitivement classés. En résumé le concentrateur consiste en une caisse allongée A, divisée, ainsi qu'il a été dit, en plusieurs chambres B subdivisées elles-mêmes en compartiments C. Ces cases ont leurs parois inclinées en forme d'entonnoir avec une fente permettant au minerai de s'échapper pour tomber d'une chambre dans l'étage supérieur.

On s'explique facilement le fonctionnement de l'appareil. Le minerai tombant de la trémie T, d'où son écoulement est facilité par le rouleau tournant S, est saisi dans la première chambre par le courant d'air supérieur qui amène chaque grain à une distance correspondant à sa densité ; les plus lourds tombant en avant et les plus légers à l'arrière. Mais, au lieu de s'arrêter dans les premiers casiers, où ils sont déjà en partie classés, les grains tombent de ceux-ci dans les casiers de la deuxième chambre, rencontrant dans leur chute un second courant d'air qui continue la séparation. Celle-ci se complète par le troisième courant de la dernière chambre et finalement les grains se rassemblent dans les cases de la chambre inférieure qui sont ouvertes à leur base ou bien fermées par des plaques à ressort ou à contre-poids pouvant s'ouvrir automatiquement.

Avec cet appareil, on arrive à enrichir facilement les craies phosphatées de 15 à 18 degrés avec un rendement de 50 à 55 pour cent.

Les dimensions et la disposition intérieures de cet appareil peuvent varier selon la nature de la craie à traiter. Parfois on se contente de deux étages de trémies, ce qui fait en tout trois chambres ; d'autres fois, on construit avec trois et même quatre étages, ce qui augmente d'autant la répétition du travail mécanique. Quoi qu'il en soit, il faut avoir soin que la force du vent soit dans un certain rapport avec la quantité des produits arrivant par la trémie pendant un temps déterminé.

Données.

Hauteur	4 m. 50
Longueur.	7 m. 00
Largeur	0 m. 40

Le concentrateur Henoch est construit chez M. A. Touraine fils, 56, rue de la Verrerie, à Paris. Le siège social de la Société est au 58 de la rue de la Verrerie.

Ventilation. — La ventilation joue un rôle prépondérant dans l'enrichissement à sec des phosphates, aussi doit-on apporter une grande attention dans le choix du ventilateur. Que le ventilateur appartienne à n'importe quel système, il ne faut pas perdre de vue qu'on a tout intérêt à prendre un appareil d'un diamètre suffisant, de façon à ne pas tourner trop vite. Dans un ventilateur, la force dépensée est proportionnelle au volume débité et à la pression ou à la dépression obtenue ; pour évaluer cette force, on admet que pour débiter 1 mètre cube d'air à 15 degrés par seconde, à la pression ou à la dépression de 1 millimètre d'eau, la force exigée est de 1 kilogrammètre et demi.

Pour le travail du concentrateur Henoch, par exemple, il faut avoir recours au ventilateur soufflant ; comme la pression dont on a besoin est très faible, on peut se contenter d'un ventilateur petit modèle, d'un appareil qui aurait les dimensions indiquées plus bas.

Pour varier la pression, on peut se servir d'une sorte de diaphragme métallique obstruant plus ou moins le passage de l'air dans le manchon d'aspiration ; ou encore, pour plus de simplicité, appliquer contre ce même manchon, des disques de fer-blanc (fig. 56).

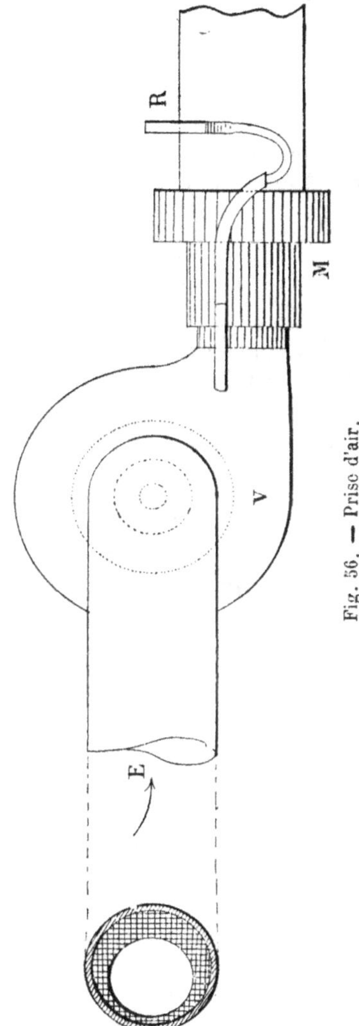

Fig. 56. — Prise d'air.

On conçoit de suite que plus le disque est grand, moins forte est la pression.

Suivant la conduite du travail de concentration, on peut se contenter d'une pression de 6 à 15 millimètres d'eau et employer un appareil aux dimensions suivantes :

Données.

Diamètre de la turbine	0 m. 400
— de la buse.	0 m. 200
Section des buses en décimètres carrés.	3.14
Diamètre de l'œillard	0 m. 200
Section en décimètres carrés de l'œillard	6.30
Volume débité par seconde pour une vitesse à l'œillard de 10 mètres	0 m³ 630
Pression mesurée au manomètre à eau.	0 m. 025
Vitesse d'écoulement de l'eau correspondante à la pression . .	19 m. 45
Nombre de tours pour obtenir la pression.	925
Nombre de forges de 40 millim. .	12
Force en chevaux dépensée correspondante.	3 1/2
Diamètre des poulies	0.100
Poids du ventilateur.	150 kg.
Prix.	300 fr.

La maison E. Farcot fils, 189, rue Lafayette, fournit d'excellents ventilateurs pour l'enrichissement à sec des phosphates.

Exemples d'installations pour l'enrichissement par voie sèche.

Craie d'Algérie.

Concasseur.
Séchoir Ruelle.

Broyeur Vapart.
Concentrateur Henoch.
Ensachage.

Craie de Belgique.

Concasseur.
Séchoir à plaques.
Broyeur Carter.
Concentrateur Henoch.
Ensachage.

Craie de la Somme.

Concasseur.
Four à réverbère.
Désagrégateur Karr.
Concentrateur Henoch.
Ensachage.

Craie de Tunisie.

Concasseur.
Four à étages.
Broyeur Vapart.
Concentrateur Henoch.
Ensachage.

**Bénéfices procurés par l'enrichissement par voie sèche.
Données.**

Matière brute, craie phosphatée.
Richesse du phosphate en terre : 34° phosphate tribasique.
Humidité : 20 0/0.
Rendement : 70 0/0 du produit total.
Enrichissement moyen : 13°.
Distance du gisement au canal : 6 kil.
Usine sur le gisement.

1° *Prix de revient d'une tonne à l'usine.*

Achat	1 fr.	00
Extraction	2	50
Transport.	0	20
Contributions pour routes . . .	0	00
	3 fr.	70

2° *Prix de fabrication.*

Concassage . . . .
Séchage . . . .
Broyage . . . .
Concentration . . . .
Blutage . . . .
Ensachage . . . .
Intérêt d'argent et amortissement .

4 fr. 00

Nota. — Poids primitif . . . . 1000 kg.
  a) A retrancher **20 0/0** humidité. 800 kg. titrant 41.
  b)   —   **30 0/0** déchets . 560 kg.

En partant de 1000 kg. bruts, on n'obtient donc que 560 kg. de produits fabriqués.

3° *Frais d'expédition.*

Transport.	0 fr.	70
Contributions pour routes . . .	0	20
Frais de port.	0	05
	0 fr.	95

*Prix de revient des **560** kg. sur bateau.*

3 fr. 70
4   00
0   95

8 fr. 65

Prix de revient : 8 fr. 65.

Titre définitif : $41 + 13 = 54$.

Nous avons donc à livrer 560 kg. de 54.

Admettons le cours de 0 fr. 50 pour le 54.

Soit 15 fr. 12 (Voir ce qui a été dit pour la voie humide, page 107).

Prix de vente : 15 fr. 12.

Bénéfice pour les 560 kg. : 15 fr. 12 — 8 fr. 65 = 6 fr. 47.

DEUXIÈME PARTIE

PROCÉDÉS CHIMIQUES ACCESSOIRES

CHAPITRE PREMIER

PROCÉDÉS CHIMIQUES

Théorie. — En théorie, les procédés d'enrichissement par réaction chimique, et ils sont nombreux, sont parfaits, mais en théorie seulement ; car, dans la pratique, ils ne sont pas, pour la *plupart*, applicables ou du moins ils ne sont guère appliqués jusqu'à ce jour ; les frais des manipulations, d'achats d'ingrédients, ceux de construction d'appareils, de récipients, etc., étant beaucoup trop élevés. L'enrichissement ne laisse rien ou presque rien à désirer, mais le prix de revient n'est que très peu inférieur si ce n'est égal ou supérieur au prix de vente. Nous en citerons néanmoins quelques-uns :

Pratique. — *Attaque à l'acide sulfurique.* — On a essayé l'enrichissement des *produits siliceux* et celui des *produits crayeux*. Les produits siliceux se sont mieux comportés.

Avec la craie grise on avait :

Craie grise. — Carbonate de chaux $+$ Fer $+$ Phosphate de chaux $+$ Alumine $+$ *Acide sulfurique* à 48° $+$ *eau* $=$ *Acide sulfurique* $+$ *Acide phosphorique* $(PhO^4H^3) +$ *Phosphate monocalcique* $(PhO^4)^2CaH^4$

+ *Sulfate de fer* + *Sulfate d'alumine* (sous forme de liqueur claire).

On traite cette liqueur claire par de la craie et on a :

Acide sulfurique + Acide phosphorique + Phosphate monocalcique + Sulfate de fer + Sulfate d'alumine + *Craie* = *Sulfate de chaux* + *Phosphate monocalcique* + *Phosphate de fer* + *Phosphate d'alumine.*

Il y a d'autres réactions secondaires qui se produisent et les appareils nécessaires sont des cuves, des filtres-presses, etc.

Attaque à l'acide chlorhydrique. — (Procédés Lhôte, Pellet, etc..)
La formule est :

$$(PhO^4)^2Ca^3 + CO^3Ca + 2HCl = (PhO^4)^2Ca^3 + CaCl^2 + CO^2 + H^2O$$

Le phosphate reste intact, mais le carbonate est transformé en chlorure.

Attaque à l'acide carbonique. — Cet acide carbonique transforme le carbonate insoluble en bicarbonate soluble.

Attaque à l'acide azotique. — On obtient de l'azotate de chaux et de l'acide phosphorique, il suffit d'ajouter alors du phosphate pour qu'il en résulte formation de superphosphate azoté.

Nous pourrions encore citer comme traitement simple : l'attaque à l'*acide sulfureux* (procédé Ortlieb) et le procédé au *sucre.* Puis viennent des méthodes mixtes, c'est-à-dire dans lesquelles la matière première a dû subir une préparation préalable, telle que celles à l'*acide sulfhydrique*, au *soufre* et au *chlorure d'ammonium* (procédé Solvay), qui demandent une calcination du phosphate avant le travail chimique.

Tous ces procédés qui se font par voie humide ne sont guère mis en pratique. Le procédé au chlorure d'ammonium fait toutefois exception à la règle générale et il a donné lieu à des expériences sérieuses. Il a été breveté en 1889, par M. Ch. Delahaye en collaboration avec M. Ernest Girard ; ces essais ont été confiés, au point de vue industriel, à M. Michelet dont nous avons parlé précédemment. M. Michelet, avec le concours financier de quelques amis et d'après les conseils de l'inventeur lui-même, loua à Nogent (Oise), une usine à sucre dans laquelle le four à chaux des séchoirs de grandeurs différentes furent installés pour la calcination de la craie. Le matériel défectueux de cette usine ne permit pas de se rendre compte des pertes d'ammoniaque qui pouvaient se produire pendant les opérations; mais l'enrichissement du phosphate réussit parfaitement et des craies d'un titre initial de 25/30 donnèrent du 65/70. A peu près à la même époque, une société belge fit des essais analogues pour l'enrichissement des phosphates ; le procédé mis en pratique était basé sur l'action du sucre sur la chaux.

Par voie sèche, il convient de citer le procédé du *haut-fourneau* qui donne des résultats différents suivant les produits employés,

Premier cas. — On calcine : *Phosphate de chaux ; Silice ;* un *Fondant.*

Deuxième cas. — On calcine : *Phosphate de chaux ; Silice.*

Troisième cas. — On calcine : *Phosphate de chaux ; Argile.*

Quatrième cas. — On calcine : *Phosphate de chaux ; Oxyde de fer.*

Puis celui de la *calcination* qui est plus important.

Calcination, — On calcine le phosphate crayeux ; la chaux se décompose.

$$CO^3Ca = CaO + CO^2$$

Il reste de la chaux et il se dégage de l'acide carbonique et la chaux est enlevée par un lavage.

Le phosphate se trouve donc dégagé de la chaux. Ce moyen serait très pratique sans certaines réactions secondaires qui se produisent au cours de l'opération.

Procédé de MM. Lévy et Roux (lévigation et calcination). — Les petits grains phosphatés que l'on rencontre enchâssés dans la matrice de craie ne sont pas constitués par du phosphate de chaux presque pur, comme on pourrait le croire.

Ils contiennent un noyau calcaire, recouvert d'une enveloppe de phosphate de chaux, de couleur ambrée, qui paraît s'être déposée en couches successives et forme en quelque sorte la coquille du grain.

En lavant les craies comme on le fait habituellement, on isole ces grains, on les débarrasse de la gangue de la craie ; quant au noyau calcaire, placé à l'intérieur des grains, il n'est pas atteint par ce traitement ; aussi l'enrichissement est-il limité.

Les craies phosphatées, qu'on exploite, contiennent de 25 à 45 0/0 de phosphate de chaux, et de 63 à 43 0/0 de carbonate de chaux.

Le lavage donne un titre maximum qui varie de 50 à 58, suivant le produit traité. Les appareils les plus perfectionnés ne permettent pas de dépasser ces titres, et, cependant, la craie lavée qui titre 57 ou 58 0/0 (le plus haut titre qu'on obtienne) contient encore environ 30 0/0 de carbonate de chaux.

Ces 30 0/0 de carbonate de chaux qui résistent au lavage, sont presque entièrement constitués par le noyau des grains dont nous avons parlé plus haut.

Le problème de l'enrichissement des craies phosphatées comprend donc deux parties :

1° Elimination de la gangue crayeuse.

2° Elimination de la craie ayant résisté au lavage.

La première partie du problème est résolue, d'une façon parfaite et très économique par le lavage, aussi MM. Lévy et Roux n'appliquent-ils leur procédé que sur la craie lavée, trouvant, avec raison, plus économique de se débarrasser tout d'abord de la gangue par le lavage habituel, quoique leur procédé permette le traitement de la craie brute directement.

Ce procédé est basé sur la calcination.

Le carbonate de chaux se décompose ; il se forme de la chaux vive, mais une partie de cette chaux vient se combiner au phosphate qui, de tribasique, devient tétrabasique.

($Ph O^5 4 CaO$, tel qu'il existe dans les scories).

Pendant la calcination les grains ont éclaté, ce qui permet alors d'atteindre le noyau de chaux et de l'éliminer.

Si l'on se contentait de laver le produit calciné, on ne pourrait enlever qu'une partie de la chaux ; voici comment on parvient à l'éliminer entièrement :

Le produit calciné est éteint par l'eau froide et l'extinction suivie d'un traitement de quelques instants par l'eau bouillante. Ce traitement a pour effet de détruire le phosphate tétracalcique et de mettre en liberté, à l'état floconneux, l'excédent de chaux qu'il contenait.

Il suffit alors de laver à l'eau froide, dans des laveurs appropriés pour enlever toute la chaux et pour obtenir le phosphate enrichi, titrant de 75 à 80 0/0.

Toutefois, quand cette opération est en partie achevée, c'est-à-dire quand l'eau a entraîné toute la chaux floconneuse et que le liquide est presque limpide, on fait arriver dans les laveurs un courant de gaz puisé dans les carneaux, près des cheminées et par conséquent fortement chargée d'acide carbonique. La chaux, qui s'était dissoute, se précipite à l'état de carbonate de chaux extrêmement fin et l'eau ainsi purifiée dissout immédiatement une nouvelle quantité de chaux, laquelle est de suite précipitée, etc.

Malgré la faible solubilité de la chaux dans l'eau, comme elle se trouve aussitôt précipitée que dissoute, un faible volume d'eau suffit à transformer en carbonate toute la chaux restante ; lequel carbonate est enlevé par lavage.

Le phosphate obtenu titrant 76/80 0/0, est rigoureusement privé de chaux caustique, celle qui a pu échapper au traitement se trouvant carbonatée.

La calcination s'opère dans un four tournant, du type des fours employés à fabriquer la soude par le procédé Leblanc.

Les wagonnets de craie lavée sont montés à la partie supérieure du four au moyen d'un plan incliné et basculés dans la trémie. Toutes les deux heures on enfourne environ 2,800 kg. de cette craie lavée contenant environ 7 0/0 d'humidité, c'est-à-dire préalablement essorée par l'exposition à l'air ou séchage partiel sur des plaques chauffées par les chaleurs perdues du four.

Toutes les deux heures on défourne le produit calciné.

On traite donc par 24 heures 33 tonnes de craie lavée humide, soit 30 tonnes sèches.

Le produit calciné, reçu dans des wagonnets, est versé sur une aire dallée de plaques de fonte, arrosé et mis en tas. Le lendemain il a pris l'aspect d'une poudre blanche très fine. Il est alors repris et monté, par le plan incliné, dans les **3** bouilleurs, cuves rectangulaires dont le fond est cylindrique (la section représente un **U** à branches un peu fermées) et munies d'agitateurs. Ces bouilleurs sont placés sur le sommet d'une grande chambre à poussière en maçonnerie, disposée à la sortie du four. Ils sont remplis d'eau que la flamme du four maintient à l'ébullition. Au moyen d'un clapet de vidange on écoule en quelques instants leur charge bouillante dans les trois laveurs correspondants, placés au-dessous.

Les laveurs sont des cuves rectangulaires en tôle, à fond cylindrique dont la section rappelle un **U** dont les branches se seraient rapprochées pour s'évaser ensuite comme dans un **V**! Ils sont munis d'agitateurs.

Une canalisation, divisée en cinq branches, permet de faire arriver l'eau à la partie inférieure. On agite pendant quelques instants le produit tombé des bouilleurs, puis on arrête les agitateurs; le phosphate se dépose tandis que le lait de chaux surnage. Pour décanter rapidement celui-ci, les laveurs sont munis d'un siphon flexible, formé d'un tube de caoutchouc de 80 0/0 de diamètre intérieur, terminé par un flotteur. Il suffit de plonger la tête du siphon pour que la décantation s'opère automatiquement. Une butée disposée *ad hoc* produit le désamorçage quand le niveau de l'eau s'est suffisamment abaissé pour qu'on risque d'entraîner le phosphate.

Grâce à ce dispositif, 3 laveurs suffisent à traiter les 30 tonnes passées au four, et un seule homme suffit à les conduire.

Lorsqu'après cinq ou six lavages, l'eau n'entraîne presque plus de chaux laiteuse, on fait arriver, par une canalisation divisée en plusieurs branches, les gaz du four envoyés par un ventilateur et puisés dans les carneaux près des cheminées, et on laisse barboter en laissant travailler les agitateurs pendant une demi-heure. On décante alors, on lave une dernière fois, puis, au moyen d'un clapet de vidange, on fait écouler le phosphate enrichi dans des bacs où il est recueilli.

Le phosphate enrichi obtenu est séché, bluté et les refus passés aux meules. Mais comme il est d'une très grande finesse, les **9/10** passent directement au tamis 80 ; il y a fort peu à moudre.

La machine motrice de l'usine, ainsi que la petite machine spéciale, sorte de treuil à vapeur qui actionne directement le four par un jeu d'engrenages, sont alimentées par un générateur, chauffé par les chaleurs perdues du four.

Le charbon brûlé dans le foyer du four produit donc :

1° La calcination ;

2° L'ébullition dans les bouilleurs ;

3° L'entretien du générateur de l'usine ;

4° Enfin l'entretien d'un séchoir à plaques, placé au pied de la cheminée.

Le four tournant pèse tout monté environ **30** tonnes et coûte, tout installé, **25,000** fr. La partie cylindrique mesure **6** mètres de long sur **3** mètres de diamètre.

Les trois bouilleurs et les trois laveurs coûtent ensemble **3,600** francs ; chacun de ces appareils présente une capacité de **3** mètres cubes.

Le ventilateur, les transmissions, la cheminée, le plan incliné et la maçonnerie, etc., représentent une dépense de **4,400** fr.

L'installation des appareils de MM. Lévy et Roux, dans une usine ayant déjà une laverie et un atelier de mouture, est d'environ **33.000** fr.

L'installation complète d'une usine en vue de l'application de ce procédé coûte environ **88.000** fr.

Laverie (pour produire 40 tonnes de lavé)	25.000 fr.
Machine motrice et générateur .	20.000
Bluterie et meules	4.000
Bâtiments, etc.	6.000
Appareils d'enrichissements . .	33.000
	88.000 fr.

Un seul four permet de traiter **30** tonnes de lavé (poids sec) par jour.

1. — Si ce lavé titre en moyenne 55, on obtient par jour **17** tonnes de 75/80 0/0, c'est-à-dire que :

100 tonnes de craie brute 30/35 donnent

38 tonnes de 75/80 0/0.

2. — Avec la craie brute, titrant seulement 25, le rendement n'est plus que de 25 tonnes de 75/80 0/0 pour 100 tonnes de 25 traitées.

Un seul four produit donc par an environ 5,000 tonnes de 75/80 0/0 en traitant des craies de 30/35.

Le prix de revient de fabrication est le suivant :

Lavage de 3 tonnes de craie brute
à 20 0/0 d'eau . . . .   3 fr. 75
Par tonne de 75/80 produite :
Charbon (calcination et force mo-
trice)   11   00
Main-d'œuvre d'enrichissement .   5   00
Séchage, blutage et mouture . .   4   00
Frais généraux   3   00
Entretien matériel.   1   00

                                          27 fr. 75

Dans une usine où l'on installerait deux ou trois fours accouplés, ce prix de revient serait évidemment abaissé.

La composition moyenne des produits obtenus est la suivante, sur matière normale :

Phosphate de chaux 77.50 0/0
Carbonate de chaux 6.20
Fer et alumine 0.50
Chaux libre . . . .   traces

On peut obtenir couramment du 78/79 0/0 et même dépasser 80 0/0, mais, comme c'est au détriment du rendement, on règle la calcination de façon à obtenir un titre oscillant entre 77 ou 78 0/0.

De plus, il importe de conserver, dans le produit, de 5 à 7 0/0 de carbonate de chaux, proportion indispensable à une bonne fabrication de superphosphate.

Tous les appareils employés ont été brevetés par MM. Lévy et Roux.

Commerce des phosphates. — Avant de passer au dernier chapitre qui est celui des accessoires, nous indiquerons purement à titre de renseignement le cours moyen et actuel des phosphates, et nous en profiterons pour dire qu'il faut distinguer les phosphates se vendant à l'unité d'acide phosphorique et les phosphates se vendant aux 100 kg.

Quand un phosphate titrant 70° (phosphate tribasique) est vendu 0 fr. 80, pour avoir le prix d'une tonne on pose la formule :

$$\frac{70.000 \times 0.80}{1.000} = 70 \times 0 \text{ fr. } 80 = 56 \text{ francs.}$$

Ce prix s'entend pour marchandise fabriquée, en sacs, à charge de l'acheteur et sur wagon départ.

Cours des phosphates (1)

Matières	Provenance	États	Titres	Lieux de livraisons	Garantie fer et alumine	Prix
Sables	Somme	non lavés	75-80	Doullens	2 0/0	» 90
	Pas-de-Calais		70-75	Auxe-le-Château	2 1/2 0/0	• 70
	»		65-70	»	4 0/0	» 62
	»		60-65	»	5 0/0	» 55
	Somme		55-60	Péronne	sans garantie	« 50
	Aisne		50-55	St-Quentin (environs ou parités)	»	» 45
	»		45-50	»	»	» 42
Sables	Aisne	lavés	65-70	St-Quentin (environs ou parités)	3 0/0	» 68
	»		60-65	»	3 1/2 à 4 0/0	• 62
	»		55-60	»	5 0/0	» 52
Craies	»	lavées	55-60	Canal de la Somme ou de St-Quentin	2 0/0	» 60
	»		50-55	»	2 0/0	» 53
	»		45-50	»	2 0/0	» 45
	»		40-55	»	2 0/0	» 45
Sables	Oise	non lavés	70-75	Breteuil	»	» 70
	»		65-70	»	»	» 62
	»		60-65	»	»	» 55
	»		55-60	»	»	• 50
	»		50-55	»	»	» 45
	»		45-50	»	»	» 42

(1) Extrait des journaux le *Phosphate*, 13, rue du Faubourg Montmartre, Paris, et l'*Engrais*, 24, rue du Quatre Septembre, Paris.

Matières	Provenances	États	Titres	Lieux de livraisons	Garantie fer et alumine	Prix
Sables	»	lavés	65-70	Breteuil	»	» 70
	»		60-65	»	»	» 64
	»		55-60	»	»	» 52
Craie	Oise	lavées	50-55	Breteuil	1 1/2 à 2 0/0	» 50
	»		45-50	»	»	» 44
	»		40-55	»	»	» 39
Sable	Lot	non lavé	70-75	Cajarc	sans garantie	1 »
Sable	Rhône	non lavé	45-50	Pierrelatte	sans garantie	1 40
	»		40-45	»	»	1 20
	»		35-40	»	»	1 10
Sable	Tavel et Lirac	non lavé	70 0 0	Pontet	sans garantie	1 40
	»		50 0 0	»	»	1 01
	Auxois	calciné rouge	27 0 0	Dijon	sans garantie	» 96
	Liège			Liège		
	»		60-65	»	2 1/2	» 67
	»		60-65	Rocour ou parité	3 1/2	» 65
	»		55-60	»	3 1/2	» 54
	»		50-55	»	4 0 0	» 50
	»		45-50	»	sans garantie	» 45
	Mons		55-60	Ciply	3 0/0	» 58
	»		50-55	»	3 0 0	» 52
	»		45-50	Mons	2 0 0	» 50
	»		40-45	»	1 2,5	» 42
Apatite	Norvège		85-90	Valle	1 0/0	1 »
	»		80-85	(Franco à »	1 0 0	» 90
	»		75-78	bord à »)	1 0 0	» 85
	»		65-70	»	1 0 0	» 80
	»		58-65	»	1 0 0	» 70
	Canada		80-85	Ports d'Europe	2 0/0	1 10
	Caroline	en vrac	55-60	Ports d'Europe	3 0/0	6 d.1/2
	»		55-60	»	sans garantie	6 d.1/4
	Floride		75-85	Ports d'Europe	3 0/0	8 d.
	»		55-65	»	3 0/0	6 d.1/2
	»			»		

Matières	Provenances	États	Titres	Lieux de livraisons	Garantie fer et alumine	Prix
	Algérie (province de Constantine)		63-70	Ports Bayonne à	3 0/0	» 63
			58-63	Dunkerque	3 0/0	» 60
			63-70	Ports de la Méditerranée	3 0/0	» 63
	»		58-63	«	3 0/0	» 60
	»		63-70	Royaume-Uni	3 0/0	6 d.1/4
	»		58-63	»	3 0/0	6 d.1/4
	»		63-70	Ports du Continent	3 0/0	6 d.1/4
	»		58-63	«	3 0/0	6 d.1/4

2° Les phosphates à bas titres sont généralement vendus aux 100 kilog.

En voici la côte moyenne :

Matières	Provenances	États	Titres	Lieux de livraisons	Garantie fer et alumine	Prix
Phosphates et craies phosphatées	Somme	finement moulus	50-55	Parité	sans garantie	2 90
	»		45-50	Doullens	»	2 30
	»		40-45	Corbie	»	2 20
	»		35-40	Péronne	»	1 90
	»		30-35	Saint-Quentin	»	1 80
	»		25-30	»	»	1 50
Craies phosphatées	Oise	finement moulues	40-45	Breteuil	sans garantie	2 50
	»		35-40	»	»	2 20
	»		30-35	»	»	2 »
	»		25-30	»	»	1 80
	»		18-25	»	»	1 40
	Meuse		40-45	Revigny	sans garantie	3 90
	»		35-40	Sainte-Menehould	»	3 60
	»		30-35	»	»	3 30
Phosphate	Cambresis	lavé	45-50	Divers	sans garantie	5 »
	»		25-33	»	»	3 25
»	Boulonnais	»	»	»	»	production nulle
	Lot		45-50	Cajarc ou St-Antonin	sans garantie	4 90
	»		40-45	»	»	4 50
	»		35-40	»	»	4 »
	»		30-35	»	»	3 50
	»		40-45	Usines de Génevières	»	4 40
	»		35-40	»	»	3 50
	»		30-35	Gare Saint-Martin	»	2 90
	»		25-30	Labouval	»	2 40
	»		20-25	»	»	2 10

Matières	Provenances	Etats	Titres	Lieux de livraisons	Garantie fer et alumine	Prix
	Indre		25 0/0	Argenton	sans garantie	0 26
	»		18 0/0	»	»	»
	»		16 0/0	»	»	»
Phosphates	Tavel et Lirac	finement moulus	40-45	Pontet	sans garantie	4 75
	»		30-35	»	»	3 25

aux 60 kil.

CHAPITRE II

ACCESSOIRES

Les principaux outils employés sont la pelle, le louchet, l'escoupe, le pic, etc. La maison Lucien Desrousseaux, de Givonne (Ardennes), bien connue pour ses spécialités de tôles fines en fer et en acier, de fontes mécaniques, de grosse taillanderie et autres, livre à l'industrie des outils très appréciés et parmi lesquels nous citerons les pelles rondes et carrées à douille courbe, brevetées; ces pelles, entre autres avantages, suppriment l'emploi du manche courbe. La maison J. Weitz, de Lyon, fournit également d'excellentes pioches, etc., pour les industries minérales.

Quant aux transports, ils se font à l'aide des appareils suivants :

Vis d'Archimède; élévateur à godets, incliné; élévateur à godets, vertical; élévateur à godets, chaînes accouplées, incliné; élévateur à palettes, incliné; élévateur à godets spéciaux, incliné; transporteur à tablier mobile; transporteur à palettes; transporteur à toile sans fin.

D'une façon générale, il faut tenir compte des considérations suivantes, lorsque dans un projet on prévoit des élévateurs et des transporteurs.

1° Pour les élévateurs :

a) Nature de la matière à élever;

b) Quantité par heure;

c) Densité de la matière;

d) Hauteur de l'élévateur de centre en centre des roues dentées;

e) Angle d'inclinaison de l'élévateur.

2° Pour les transporteurs :

a) Nature de la matière ;

b) Quantité par heure ;

c) Densité de la matière ;

d) Distance à parcourir ;

e) Inclinaison du transporteur.

Vis d'Archimède. — On la construit horizontale ou inclinée, et son débit dépend de l'inclinaison, du pas de l'hélice et du diamètre. Elle peut être en fer, en acier ou en fonte.

Transporteur ordinaire. — C'est une simple courroie sans fin en cuir très résistant qui s'enroule à chaque extrémité sur des tambours. Sur le parcours sont placés des rouleaux destinés à supporter la courroie et sa charge. Au lieu de se soutenir au moyen de rouleaux, on peut se servir de chaines de Vaucanson. On peut également remplacer la courroie par une chaine à cuvettes.

Chaine à godets. — Elle est analogue à la chaine à cuvettes mentionnée comme transporteur ordinaire. La seule différence consiste en ce que les récipients ne sont plus de simples cuvettes, mais des godets d'une capacité moyenne de deux litres.

La chaine sur laquelle sont rivés les godets peut être en acier; on la remplace dans certains cas par une forte courroie ou par des lanières tressées en gros fils de coton. L'inclinaison est variable et la vitesse moyenne est de 30 mètres par minute.

Tube transporteur. — Ce nouvel appareil breveté s. g. d. g., construit par M. Davidsen, 144, boulevard de la Villette, Paris, est très avantageux (fig. 57).

Le tube transporteur en sa forme la plus simple est un tube cylindrique en tôle, porté par des ressorts d'acier inclinés, auquel on imprime un mouvement de va-et-vient au moyen d'une manivelle munie d'une bielle. La course de la manivelle est très petite, mais le nombre de coups à la minute est relativement élevé. Quand on

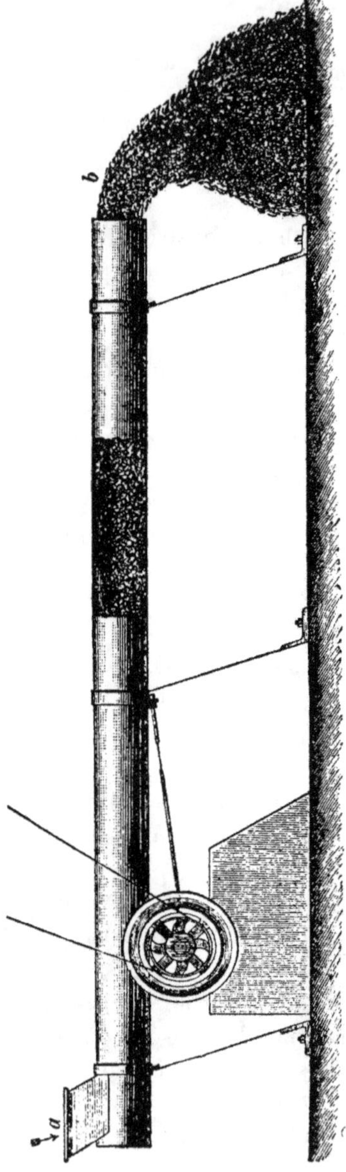

Fig. 57. — Tube transporteur.

met le tube en mouvement, la matière qu'on introduit parcourt le tube dans un flot continu et se déverse à l'autre extrémité. Le tube peut être posé horizontalement et même avec une faible montée.

Ce nouveau moyen de transport et la marche de la matière s'expliquent comme suit :

Pendant chaque course de la manivelle le tube fait un mouvement en avant et en haut et les matières qu'il contient reçoivent une certaine vitesse qui, suivant la loi de l'inertie, est conservée pendant que la vitesse du tube diminue, devient nulle et même pendant un certain temps de la marche rétrograde du tube. De cette manière, les matières avancent à chaque coup un peu dans le tube, et les coups répétés produisent le déversement continu.

Brouette. — Inutile de la décrire. Comme maximum produit, on peut dire qu'un homme de force moyenne peut transporter à une distance de 30 mètres par journée de 10 heures, environ 20 mètres cubes. La *bouette à sacs* est de construction différente et ne peut guère rouler que sur plancher.

Avant de passer aux transporteurs à grandes distances, citons encore comme accessoires le *monte-charge* et le *monte-sacs*, trop connus pour que nous leur consacrions une description spéciale. La maison Jules Weitz, constructeur, chemin des Culattes, à Lyon, fournit des brouettes de qualité supérieure.

Parmi les principales maisons de construction pour élévateurs et transporteurs, il convient de citer : la maison Burton fils, 68, rue des Marais, à Paris ; Thivet-Hanctin, 18, rue du Port-à-Saint-Denis ; A. Piat et ses fils, 85, rue Saint-Maur, à Paris.

Chemin de fer

On n'emploie guère que les chemins de fer à voie étroite.

Les rails sont généralement en acier, ils pèsent de 4 kg. 5 à 15 kilos ; ils ne forment qu'une seule pièce avec les traverses et les éclisses.

On peut transporter les matières phosphatées :

    1° Par traction à bras ;

    2° Par traction à cheval ;

    3° Par traction de locomotive.

1° Traction à bras

Un homme de force moyenne pousse sans peine un wagon de 0 mc. 300 avec roues de 0 m. 240 sur voie 0 m. 40 ou 0 m. 50 en rails de 4 kg. 500 à une vitesse moyenne de 4 km. à l'heure.

Il mène donc dans une journée de 10 heures :

0 mc. 30 soit à peu près un poids de 480 kilog., à 40 kilom. mais comme le retour se fait à vide, il ne faut compter que la moitié, soit :

    0 mc. 30 à   20 kilom.

    3 mc.   à   2 kilom.

    6 mc.   à   1 kilom.

    60 mc.   à 100 mètres.

Pour une main-d'œuvre de 3 à 5 francs par jour, on peut compter :

Fouille et charge	variables
Roulage par 20 mètres. . .	1 centime 1/2
Manutention des voies et régalage des terres. . . .	2 — 1/2
Un mètre cube roulé à 100 mètres et déchargé est donc payé 7 1/2 + 2 1/2. . .	10 —
Un mètre cube roulé à 200 mètres et déchargé est donc payé 15 + 2 1/2. . . .	17 — 1/2

Devis (pour 500 mètres) avec 8 wagonnets

Voie de 0 m. 50 en rails d'acier de 4 kg. 500 (fig. 58 et 59).

92 bouts de 5ᵐ avec traverses tous les mètres 460ᵐ à 3.20   14.72

4   —   2ᵐ50   —   —   10ᵐ à 3.40   34

4   —   1ᵐ25   —   —   5ᵐ à 3.95   19.75

8 courbes de **2^m50** rayon 5 m. . . . . 20^m à 4.85   **97**
4   —   1^m25   —   . . . . . . 5^m à 5.55   **27.75**
1 croisement à droite. **44**
1   —   à gauche **44**
2 aiguilles mobiles mâles à 5 fr. 15. . . . .   **10.30**
1 plaque tournante portative diamètre, 0^m800. . . .   **60**
1 dérailleur **35**
1 bidon de 5 kilog. **3**
5 kg. d'huile russe à 1 fr. 10. . . . .   **5.50**

Fig. 58. — Rail Decauville.

Matériel roulant

6 wagons porteurs (fig. 60 et 61) à 119 fr. **714**
2   —   pivotants pour vider des 4 côtés à 151 fr. .   **302**
Boîte de réparation et pièces de rechange. **125.45**
                                          Total   **3.003.75**

2° *Traction par cheval*

Un cheval de force moyenne, marchant à côté de la petite voie et tirant avec une chaîne de 4 m. 50 de long, traîne sur terrain plat, 8 wagons Decauville de 0 m. 50, avec roues de 0 m. 32, sur voie de 0 m. 50, en rails de 7 kilog. à une vitesse moyenne de 4 km. à l'heure.

Il traîne donc par voyage, comme poids utile :

$$0 \text{ m. } 50 \times 8 \text{ (soit 4mc., 6.400 kg.)}$$

ce qui, en une journée de 10 heures, fait

$$4 \text{ mc. (6.400 kg.) à 40 kilomètres ;}$$

mais, comme le retour se fait à vide, il faut compter

soit 4 mc. à **20** kilom.

ou 40 mc. à **2** —

ou 80 mc. à **1** —

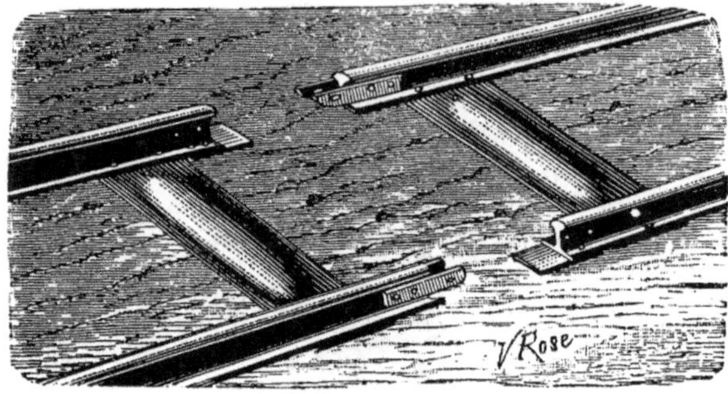

Fig. 59. — Voie de 0 m. 50.

On peut compter, d'une façon générale, 6 francs par journée de cheval et 4 francs par journée de charretier, soit un total de **10** francs, ce qui remet à **12** centimes **1/2** le prix de transport de un mètre cube à **1** kilom.

Fig. 60. — Wagonnet nouveau basculement progressif.

Fig. 61. — Wagonnet basculé.

Devis (pour 1 kilom. avec 16 wagonnets).

Voie de 0 m. 50 en rails d'acier de 7 kilog. (fig. 62 et fig. 63).

Francs

192 bouts de 5 m. . . . . . 960 m. à 4.75	4.896
4 — 2 m. 50 . . . 10 m. à 5.20	58.50
4 — 1 m. 25 . . . 5 m. à 5.55	31.50
8 courbes de 2ᵐ50. rayon de 10ᵐ 20 m. à 5.65	137
4 — 1ᵐ25 — 10ᵐ 5 m. à 6.20	38.50
1 croisement rayon de 10 m. à droite. . . .	63
1 — — 10 m. à gauche . . .	63
2 aiguilles mobiles mâles de 1 m. 98 à 12.65.	25.30
1 dérailleur.	42.50
1 plaque tournante portative (diam. 0.90). .	76.50
1 pince pour poser la voie.	10
1 bidon de 10 kg.	4.50
10 kg. d'huile à 1 fr. 10.	11

Matériel roulant

14 wagons porteurs avec châssis à 200 fr. (fig. 64)	2.800
2 wagons avec frein à vis verticale à 240 fr. . .	480
1 chaîne de traction de 4 m. 50 de long . . .	15
1 harnais complet	91.50
Boîte de réparation et pièces de rechange. . .	234.35
Total.	8.700.40

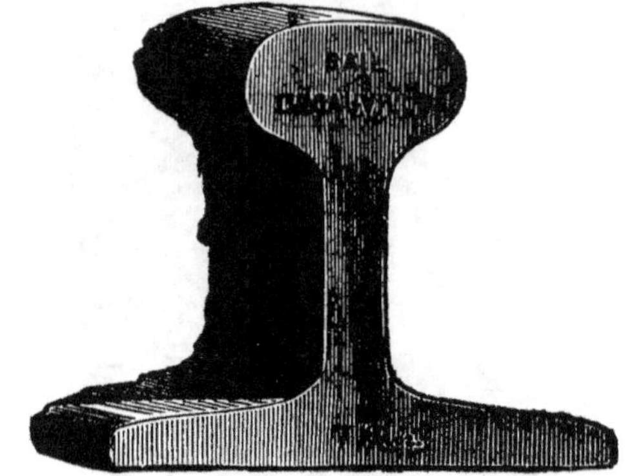

Fig. 62. — Rail d'acier de 7 kg.

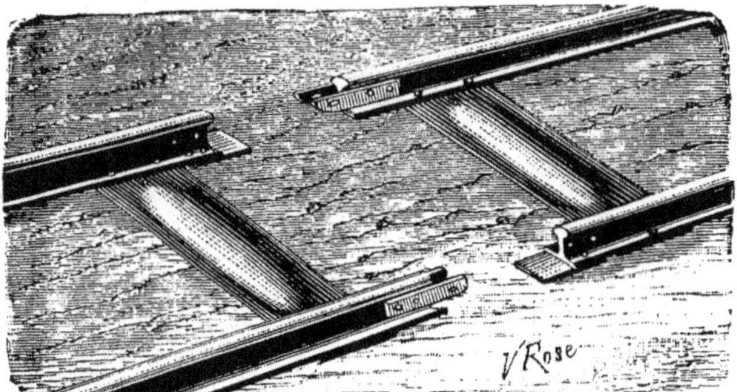

Fig. 63. — Voie de 0 m. 50 (rails d'acier de 7 kg.

Fig. 64. — Wagon porteur.

Fig. 65. — Locomotive de 5 tonnes à vide avec tender.

3° *Traction par locomotive*

Pour un même poids à supporter, il faut des rails beaucoup plus forts. On adopte généralement une voie de 0 m. 60 avec rails de 9 kg. 500 en fer ou en acier.

Devis (pour **2 km.** avec **1** locomotive de 5 tonnes à vide et 30 wagonnets à bascule).

Voie de **0 m. 60** en rails d'acier de 9 kg. 500.

Francs

380 bouts de 5 m.	1.900 m. à 7.15	14.250
10 — 2 m. 50.	25 m. à 8.10	223.75
12 — 1 m. 25.	15 m. à 8.70	147.75
16 courbes de 2 m. 50, rayon de 30 m.,	40 m. à 8.90	376
8 — 1 m. 25 —	10 m. à 9.50	103.50
2 croisements, rayon 30 m., à droite avec aiguille à 211 fr.		422
2 croisements, rayon 30 m., à gauche avec aiguille à 211 fr.		422
4 mouvements d'aiguilles à 52 fr. 50.		210
2 pinces pour poser la voie à 10 fr.		20
1 dérailleur		65
1 bidon de 10 kg.		4.50
10 kg. d'huile de résine		11

Matériel roulant

1 locomotive de 5 tonnes et accessoires (fig. 65).
30 wagons avec caisses à bascule cubant 1000 litres sur roues de 0,400 à 331.50 . . . . . . } 21.220

Boîte de reparation et pièces de rechange. . . . 446.25

Total. 37.189.75

Parmi les principaux constructeurs de matériel pour transports par fer, il convient de citer les maisons Ponsard et Cie, 65, rue d'Amsterdam, Paris, dont les travaux métalliques en service au chemin de fer de Ceinture depuis 7 ans 1/2 ont supporté le passage de 250.000 trains, sans avoir subi la plus légère altération. Ces traverses métalliques indépendantes des rails présentent l'accouplement de deux U renversés, ayant chacun la forme d'un fer zorès (fig. 66), le tout d'une seule pièce et formant le corps de la traverse. Elles ont toutes les qualités de la traverse en bois et des traverses métalliques à base plane, sans en avoir les inconvénients et par le tableau suivant il est facile de se rendre compte d'essais comparatifs faits avec les traverses des systèmes Berg et Marche, Post, Ponsard et Cie.

Fig. 66. — Traverse Ponsard.

BERG ET MARCHE pesant 22 kil. 300 le mètre courant	POST pesant 20 kil. le mètre courant	PONSARD et Cⁱᵉ pesant 20 kil. le mètre courant
Écrasée sous une charge de **12** tonnes	Écrasée sous une charge de **16** tonnes	Sans aucune déformation sous une charge de **72** tonnes

La traverse métallique cannelée permet d'appliquer tous les systèmes d'attaches et de fixation en usage pour les rails sur traverses métalliques, ainsi que l'emploi du tire-fond comme dans les travaux en bois.

Au premier rang viennent également les maisons suivantes :

Achille Legrand, 13, rue Terre du Prince à Mons (Belgique), pour les chemins de fer portatifs et à voie étroite. Les grandes usines de cette maison se trouvent à Quaregnon (Belgique); Blanc, Misseron et Raismes (France); Savigliano (Italie).

Notons en passant que M. A. Legrand est le seul constructeur du porteur à rail unique (système Lartigue).

La fig. 67, représente un wagonnet Legrand.

La Société nouvelle des Établissements Decauville ainé, dont les ateliers, foyers et fonderies sont situés à Petit-Bourg (Seine et-Oise).

La maison Jules Weitz, de Lyon, chemin des Culattes.

Fig. 67. — Wagonnet Legrand.

Porteurs aériens. — Ces porteurs trouvent très avantageusement leur place toutes les fois qu'on est en pays accidenté et que les points à relier sont à des altitudes différentes ou séparés par des obstacles infranchissables tels que rivières, torrents, vallées profondes, etc. (fig. 68).

L'installation de ces porteurs permet une grande réduction du personnel, une simplicité remarquable du matériel d'exploitation et un fonctionnement par tous les temps et sur tous les terrains.

On peut atteindre les plus forts tonnages et il n'est pas rare de voir transporter 500 et même 1.000 tonnes en dix heures de travail.

La force motrice est réduite à un minimum car les bennes vides dans un sens, et les bennes pleines, dans le sens opposé, étant toujours rendues solidaires par le câble tracteur sans fin, cette force est celle nécessaire à l'entraînement du poids net ajoutée à celle destinée à vaincre les résistances passives.

Le chargement s'opère au moyen de trémies ou couloirs, et le déchargement se fait très facilement grâce à l'emploi d'un embrayage automatique se composant de deux mors en acier dans lesquels est creusée une gorge où vient se loger le câble tracteur.

Pour les lignes de faible longueur et de trafic secondaire un homme suffit à chaque station, soit deux hommes.

Pour les lignes de grande longueur et de fort trafic jusqu'à 5 kilomètres, deux hommes à chaque station plus un surveillant suffisent, soit cinq hommes.

Quand on a des longueurs excédant 6 kilomètres, il est bon de sectionner le parcours en parties de 3, 4 ou 5 kilomètres et alors chaque tronçon a un personnel particulier comme s'il s'agissait d'une ligne indépendante.

Le principe fondamental mis en pratique par les constructeurs de porteurs aériens est le suivant :

« Faire mouvoir par un ou plusieurs câbles suspendus dans l'es-
« pace un nombre de wagonnets ou bennes nécessaires pour as-
« surer le trafic indiqué et cela avec la plus grande économie et
« la plus grande sécurité désirables (1). »

On peut classer les porteurs aériens à câbles en quatre groupes :

1er groupe. — Porteur aérien « monocâble fixe. » — Câble unique fixe.

2e groupe. — Porteur aérien « monocâble mobile. » — Câble à la fois porteur et tracteur sans fin.

3e groupe. — Porteur aérien à deux câbles. — Un câble porteur, un câble tracteur.

4° groupe. — Porteur aérien à trois câbles. — Deux câbles porteurs, un câble tracteur.

1° *Porteur aérien « monocâble fixe »*

C'est le plus simple, il est toujours construit pour une charge descendante qui, livrée à elle-même, franchit le parcours, guidée par le câble fixe, et sous l'influence de la pesanteur. À l'arrivée, le fardeau rencontre une butée en terre contre laquelle se produit le choc d'arrêt, choc que l'on cherche à réduire par une courbe convenable du câble porteur. La charge est suspendue par un crochet fixé à un chariot muni de un ou deux galets à gorges roulant sur le câble.

(1) Brochure *Les Porteurs aériens par câbles.* A. Teste fils, Pichat, Moret et Cie, Lyon.

2° *Porteur aérien monocâble mobile*

Ce système est basé sur le principe de la noria.

Le câble sans fin est muni de bagues auxquelles viennent s'accrocher les bennes.

Le chargement s'opère au moyen de couloirs ou trémies ; le déchargement est automatique. Le câble est soutenu par des pylones terminés à leur sommet par une traverse portant deux galets à large gorge et d'environ 0 m. 40 de diamètre, c'est sur ces galets que glisse le câble.

3° *Porteurs à « deux câbles »*

Un câble porteur fixe est tendu sur le parcours et un câble tracteur retient la charge descendante.

La charge est suspendue par un ou plusieurs crochets au chariot roulant sur le câble porteur.

4° *Porteurs à « trois câbles »*

Ces porteurs sont très employés ; on en distingue deux types principaux :

a. Porteur à trois câbles, à marche alternative.

b. Porteur à trois câbles, à mouvement continu.

a. Porteur aérien à trois câbles à marche alternative. Il comprend deux câbles porteurs tendus parallèlement et un câble tracteur sans fin passant à la partie supérieure, sur un système de poulies à gorges muni d'un frein puissant, et à la partie inférieure sur une poulie à simple gorge, dite poulie de retour.

b. Porteur aérien à trois câbles, à mouvement continu. C'est le plus important de tous ; il comprend deux câbles parallèles tendus en ligne droite et reposant de distance en distance sur des pylônes ; sur un câble viennent rouler les galets ou chariots de roulement des bennes. L'écartement entre ces deux câbles varie généralement entre 1 m. 75 à 2 mètres. A l'une des stations, les câbles porteurs sont ancrés dans des culots d'amarrage en fer prenant appui sur des chevalets de tension. A l'autre station les câbles porteurs sont libres, et une caisse formant contrepoids en assure une tension toujours uniforme.

Les câbles porteurs sont toujours calculés de façon à supporter la charge sur une tension déterminée et avec un coefficient de sécurité égal à 6 ou 7.

Installation d'un porteur aérien. — En pratique, quand on veut installer un porteur aérien, on doit examiner les considérations suivantes :

Longueur de la ligne projetée. — Genre d'alignement. — Différence d'altitude des différentes stations. — Quantité à transporter par journée moyenne de 10 heures et nombre de jours de travail dans l'année. — Nature et densité de la matière à transporter. — Charge moyenne d'une benne. — Direction de la charge. — Conditions de chargement et de déchargement. — Nature des stations. — Obstacles à traverser. — Genre de machine motrice et distance aux stations. — Prix de main-d'œuvre (manœuvre, maçon, charpentier, etc.), et des matériaux indispensables (sapin rond et équarri, maçonnerie, etc.).

Fig. 68. — Pompe de type ordinaire pour eau.

Pompes. — La pompe la plus employée dans l'industrie du phosphate, et que nous avons vu fonctionner dans la plupart des exploitations, est la pompe centrifuge Dumont. Son principe est trop

connu pour que nous jugions utile de nous étendre à ce sujet ;
nous nous contenterons de rappeler les principaux avantages du
système.

Ils peuvent se résumer comme suit : Petit volume et faible poids
pour une grande puissance ; installation facile et rapide par un ouvrier quelconque, fondation presque nulle ; suppression de bielles,
balanciers, engrenages, pistons, soupapes, réservoirs d'air. Mouvement continu sans chocs, donné par une courroie. Cette pompe
élève avec la même facilité, sans altération, les eaux chaudes ou
froides ou chargées de boues, sable, gravier, etc., etc. ; elle peut
aspirer à toutes longueurs et jusqu'à 9 mètres de hauteur verticale ; en outre, la maison L. Dumont garantit ses appareils pour
plusieurs années, contre toute détérioration ou usure pouvant nuire
à la bonne marche. L'économie d'acquisition sur les meilleures
pompes à piston est de plus de 50 0/0 et le volume d'eau élevé est
garanti au moins égal, avec la même force motrice.

Fig. 69. — Pompe de type spécial pour liquides pâteux ou mélangés de matières
étrangères.

Toutefois, les pompes de type ordinaire (fig. 68) et de petites dimensions sont susceptibles de s'obstruer quand le liquide renferme
des matières étrangères, aussi M. Dumont a-t-il créé, il y a cinq
ou six ans, un type spécial (fig. 69) qui est précisément, celui qui
domine dans l'industrie des phosphates pour élever les eaux de
lavage mélangées de matières terreuses. Par suite de sa construction rien ne peut rester engagé dans le corps de pompe. Le regard
qui permettrait de la nettoyer au besoin, n'a pour ainsi dire jamais

besoin d'être ouvert, l'aspiration a lieu sur une seule face du corps de pompe.

Les pompes Dumont ont maintenant pour elles l'expérience de plus de trente années et leur succès toujours croissant nous autorise à en recommander leur emploi. Elles sont construites chez M. L. Dumont, ingénieur, 55, rue Sedaine, Paris.

La maison A. Piat et fils, 55, rue St-Maur, Paris, fournit également d'excellentes pompes pour les industries minérales.

Nous ne développerons pas davantage ce chapitre des accessoires, ce qui nous ferait sortir du cadre de notre ouvrage. Nous renverrons aux traités spéciaux les personnes désireuses d'avoir des renseignements sur le commerce des phosphates, leurs applications, sur la fabrication des scories phosphatées (procédé Levat), sur celles des phosphates précipités, des superphosphates, des phosphates métallurgiques, etc., etc.

TABLE DES FIGURES

TABLE DES MATIÈRES

——